职业院校核心素养能力提升系列教材

职业素养

规划篇

主　编　孔　萍　高　红
副主编　李永良　李建华　陈　锐　尹杰媛

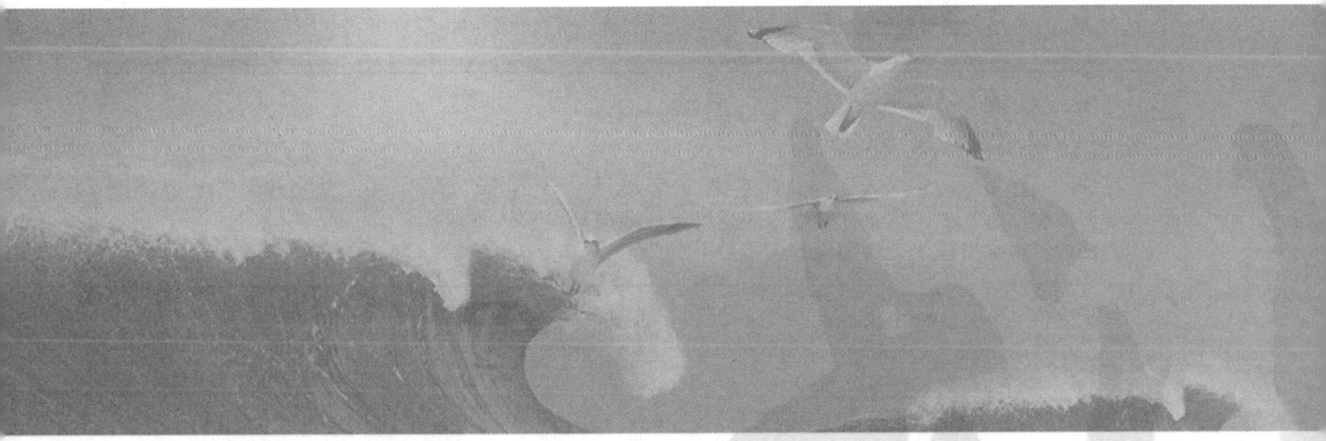

同济大学出版社
TONGJI UNIVERSITY PRESS
·上海·

内 容 提 要

本书以高职院校应用型人才培养方案为基础，主要介绍职业生涯规划的基本知识和理论，旨在强化学生的职业生涯规划意识，进一步坚定学生的理想信念，不断提高学生的职业生涯规划能力，着重培养学生的职业精神。本书具有思想性、科学性、前瞻性、实用性，结构清晰，概念准确，语言通俗易懂、直观简洁，内容由浅入深、循序渐进，难易适中，重点突出，可读性强，是一本能够贴近高职院校学生实际的教材。

本书既可作为普通高职院校相关课程的教材，也可作为成人教育和在职人员的培训教材，还可供广大青年朋友学习参考。

图书在版编目（CIP）数据

职业素养．规划篇 / 孔萍，高红主编．-- 上海：同济大学出版社，2023.6

ISBN 978-7-5765-0724-9

Ⅰ．①职… Ⅱ．①孔… ②高… Ⅲ．①大学生－职业选择 Ⅳ．①G647.38

中国国家版本馆 CIP 数据核字（2023）第 014425 号

职业院校核心素养能力提升系列教材

职业素养·规划篇

主编 孔 萍 高 红 **副主编** 李永良 李建华 陈 锐 尹杰媛

策划编辑 张 莉 **责任编辑** 任学敏 **助理编辑** 竺奕辰
责任校对 徐春莲 **封面设计** 陈益平

出版发行 同济大学出版社 www.tongjipress.com.cn
（地址：上海市四平路 1239 号 邮编：200092 电话：021-65985622）
经 销 全国各地新华书店
印 刷 启东市人民印刷有限公司
开 本 787mm × 1092mm 1/16
印 张 11.5
字 数 287 000
版 次 2023 年 6 月第 1 版
印 次 2023 年 6 月第 1 次印刷
书 号 ISBN 978-7-5765-0724-9

定 价 46.00 元

PREFACE 前言

当前，如何有效解决我国高校毕业生的就业问题已成为社会关注的热点。根据教育部的预测，2023 年高校毕业生将达到 1 158 万人，再创新高。高校毕业生人数连年攀升，大学生就业形势不容乐观。针对就业问题，习近平总书记强调，要强化就业优先政策，健全就业促进机制，促进高质量充分就业。具体来说，就是要把解决人民群众就业问题放在更加突出的位置，努力创造更多就业岗位。因此，高校教育应促进大学生高质量充分就业，全面贯彻落实党的二十大精神，为实现第二个百年奋斗目标奠定坚实基础。

指导大学生进行职业规划，帮助其提前规划自己的职业生涯；培养大学生的职业素养，使其掌握就业的知识和技巧，提升就业能力，是高校教育工作中的重要任务。职业素养的内容包括职业核心道德素养、职业核心沟通素养、职业核心执行素养、职业核心发展素养和职业核心管理素养。本系列教材中的《职业素养·素养篇》已对这些就业 / 创业人员应具备的职业素养作出详细介绍，因此本书不再赘述。

本书将着重介绍职业生涯规划的基本知识和理论。职业生涯规划不可能做到精确无误，也不能准确地预测将来要发生什么，它是一种大学生用于思考和引领的工具——思考为了实现未来的发展目标现在该做些什么，引领自身今后一段时期的努力方向。大学生尽早地进行职业生涯规划，规划好大学阶段的学业、生活、工作，合理地安排时间，能避免学习的盲目性和被动性，并确定职业发展方向和实施策略，有效地提升就业竞争力，使自己在大学期间和以后的人生发展道路中少走弯路。这对大学生的人生发展是至关重要的。

本书提供了一些进行职业生涯规划的技巧，注重实用性与可操作性，以便学生在理解职业生涯规划内涵的同时，运用全新的视角、科学的方法在人生的关键阶段领跑未来职场发展。此外，本书从多个维度分析了大学生成长过程中面临的困境，提供了帮助其解决自身成长过程中诸多困惑的科学方法与创新思路。

本书既可作为高等院校学生的职业生涯规划教材，亦可作为大学生家长更好地与学生沟通交流，协助他们规划职业生涯、赢在未来职场的参考用书，还可作为大学生提升自我综合素质、摆脱迷茫的行动指南。

本书在编写过程中，参考了许多专家、学者的著作及研究成果，借鉴了部分网站的相关资料和案例，在此表示感谢。

由于时间仓促，编者水平有限，书中难免有疏漏和不妥之处，真诚希望广大读者多提宝贵意见，以便我们更好地修订和完善本书。

编　者

2022 年 3 月

CONTENTS 目录

前言

项目一　职业生涯概述 001

任务一　认识职业 …… / 003
任务二　职业生涯的内涵及意义 …… / 011
任务三　职业生涯发展阶段理论 …… / 017

项目二　自我认知 026

任务一　认识气质类型 …… / 028
任务二　了解性格及适合的职业领域 …… / 032
任务三　树立正确职业价值观 …… / 041
任务四　培养职业兴趣 …… / 047
任务五　培养职业能力 …… / 054

项目三　职业环境分析 071

任务一　环境评估 …… / 073
任务二　职业环境分析方法 …… / 081

项目四　职业生涯目标规划 086

任务一　职业目标及其类型 …… / 088
任务二　大学生职业生涯目标的确定 …… / 090
任务三　大学生职业生涯目标的实现 …… / 096
任务四　职业生涯目标的评估与反馈 …… / 107

项目五　职业生涯决策　115

任务一　职业生涯决策的影响因素 / 118
任务二　职业生涯决策的风格 / 122
任务三　职业生涯决策的模式和方法 / 126

项目六　大学生职业生涯规划的设计　141

任务一　职业生涯规划的步骤和方法 / 143
任务二　职业生涯规划书的撰写 / 153

项目七　大学生职业生涯规划的评估与调整　162

任务一　职业生涯发展的危机与对策 / 164
任务二　职业生涯规划的评估与调整 / 172

参考文献　177

项目一

职业生涯概述

项目导入

四条毛毛虫的故事

有四条毛毛虫，都很喜欢吃苹果，它们长大了，就决定去森林里找苹果。

第一条毛毛虫非常努力地找着苹果，突然前面出现了一棵苹果树，它并不知道这里有苹果树，更不清楚上面会不会有可口的红苹果。当它看到其他毛毛虫往上爬时，稀里糊涂地就跟着往上爬。它没有目的，不知终点，更不知自己到底想要哪一种苹果，也没想过怎么样去摘苹果。它的结局呢？也许它找到了一个大苹果，幸福地生活着；也可能它在树叶中迷了路，过着悲惨的生活。不过有一点可以确定，这条毛毛虫不知道自己生存的意义。

第二条毛毛虫很清楚自己的目标是一个大苹果，看见苹果树就努力地爬上去。但是它不知道大苹果会长在树的什么地方，它猜想：大树枝才能承受大苹果！于是它就慢慢地往上爬，遇到分枝的时候，就选择较粗的树枝继续爬。它就按这个标准一直往上爬，最后有一个大苹果出现在它的面前。这条毛毛虫刚要扑上去大吃一顿，但是放眼一看，它发现这个大苹果是整棵树上最小的一个，上面还有许多更大的苹果。更令它泄气的是，如果上一次没有选择这个分枝，而是另一个，那就会有一个很大的苹果。

第三条毛毛虫也很清楚自己需要一个大苹果，就研制了一副望远镜，并用望远镜搜寻了一番后才开始朝着最大的那个苹果前进。同时，它发现当从下往上找路时，会遇到很多分枝，有各种不同的爬法；但当从上往下找路时，却只有一种爬法。于是，它很细心地从苹果的位置由上往下推至目前所处的位置，记下这条确定的路径。然后，它开始往上爬了，当遇到分枝时，它一点也不慌张，因为它知道该往哪条路走，而不必和别的虫子挤破头。按理说它已经有了一个计划，最后会得到那个大苹果，可是真实的情况是由于这条毛毛虫爬行速度缓慢，等它爬到目的地苹果已经烂掉了，最后别的毛毛虫得到了苹果。

第四条毛毛虫先给自己做了一个计划，清楚自己要什么样的苹果，也清楚苹果的生长情况。因此当它拿着望远镜观察时，它的目标并不是一个大苹果，而是一朵含苞待放的苹果花。它计算着自己的行程，估计当它到达的时候，这朵花正好长成一个成熟的大苹果，而且它将是第一条钻入苹果并大快朵颐的虫。结果可想而知，那个又大又甜的苹果归它所有了。

第一条毛毛虫并不知道自己需要什么，一生都没有目标，是条没有人生规划的迷糊虫。遗憾的是，现实生活中的很多人就像这条毛毛虫一样。第二条毛毛虫虽然知道自己想要什么，但是只知道用一些常规的方法，并不是很系统，所以就离那个苹果越来越远，就算有靠近的机会它也不会发现。第三条毛毛虫有明确的目标和清晰的规划，但是它的目标过于远大，行动又太缓慢，成功就会离它很远，机会、成功从不等人。同样，人生是有限的，必须把握好机会，再加上一个适合自己的计划，才会有一个很好的结果。第四条毛毛虫不仅有自己的目标，还清楚地知道达到目标的方法以及需要的条件，制订了清晰实际的计划，在望远镜的指引下，它的理想就离自己越来越近了。

思考：从四条毛毛虫的故事中你得到了哪些启示？

启示

我们的人生就像这几条毛毛虫一样，苹果就是我们的人生目标，爬树的过程就是我们职业生涯的道路。毕业后，我们都得爬上人生这棵树去寻找未来。完全没有规划的职业生涯注定是要失败的，有什么样的规划就有什么样的人生。要想得到自己喜欢的苹果，想改变自己的人生，就要先从改变自己开始，做好自己的职业生涯规划，做上文所说的第四条毛毛虫。

项目目标

1. 了解职业生涯规划对自己的意义。
2. 提高职业生涯规划意识。
3. 加深对职业生涯规划的认识。
4. 了解职业生涯规划的基本理论。

任务一

认识职业

我国职业教育的奠基人、著名的职业教育实践家黄炎培先生说:“何谓职业? 一方为己治生,一方为群服务,人类间凡此确定而有系统的互助行为,皆是也。”也就是说,职业是人们在社会中所从事的有稳定、合法收入的活动,它既是人们为社会作贡献、实现人生价值的舞台,也是人们谋生的手段。

一、职业的概念

职业是人类社会发展到一定阶段的产物。职业是人的一种社会活动和生活方式,又是一种经济行为,也是帮助人们从社会中谋取多种利益的资源,它对于每个人都极为重要,是一个人社会地位的一般性表现,也是一个人的权利、义务、职责。

人们从不同的角度出发,对职业的概念有不同的论述。

中国自古就有“职业”一词,从词义的角度解释,“职”有“社会责任”“权利与义务”的含义,而“业”是以某种特殊的技能“从事某种业务”“完成某种事业”。

美国社会学家菲利普·塞尔兹尼克(Philip Selznick)认为,职业是一个人为了不断地取得收入而连续从事的具有市场价值的特殊活动。这种活动决定着从事它的那个人的社会地位。美国哲学家约翰·杜威(John Dewey)从实用主义哲学观点出发,认为职业是人们可以从中得到利益的一种生存活动。

日本劳动问题专家保谷六郎认为,职业是有劳动能力的人,为了生活所得而发挥个人能力,为社会作贡献而连续从事的活动。

我国学者姚裕群认为,职业是一个中性的概念。从社会的角度而言,职业是指人们为了谋生和发展而从事的相对稳定的、有收入的、有专门类别的社会劳动;从个人的角度而言,职业则是指个人扮演的一系列工作角色。

在现实生活中,人们无不与职业活动有着紧密的联系,职业活动几乎贯穿于每个人的一生。人们在生命的早期阶段接受教育与培训,是为将来的职业活动做准备。人们从青年时期开始走入职业生涯,到老年时最终离开职业岗位,长达几十年。即使退休以后,一部分人仍然参与职业活动。因此,职业活动是每个人社会生活的重要组成部分。

在社会生活中，每一个有劳动能力的人都要从事一定的生产劳动或工作，用以维持生活，承担社会义务，促进社会发展。人的社会生活和工作领域是非常广阔的，职业门类繁多，但每个社会成员却只能在某个领域做某种具体工作，以其有限的生命在有限的空间内占有一席之地，这就是他的职业。从社会生产的角度来看，职业是社会分工的结果，一定的社会分工或社会角色的持续实现，就形成了职业。

二、职业的分类

职业的分类是以工作性质的同一性为基础原则，对社会职业进行系统划分与归类。所谓工作性质，即一种职业区别于另一种职业的根本属性，一般通过职业活动的对象、从业方式等的不同予以体现。职业分类的目的是将社会上纷繁复杂、数以万计的现行工作，划分成类系有别、规格统一、井然有序的层次或类别。对所从事工作性质的同一性所作的技术性解释，要视具体的职业类别而定。职业分类体系通过职业代码、职业名称、职业定义、职业所包括的主要工作内容等，描述出每一个职业类别的内涵与外延。

（一）按劳动的性质和层次分类

按脑力劳动和体力劳动的性质、层次进行分类，可将工作人员分为白领、蓝领、灰领和金领四类。

“白领”一词最早出现在20世纪20年代初的美国，是指受过良好的教育，受雇于人而领薪水的非体力劳动者，如政府公务员、各种机构里坐办公室的职员、教师、商业销售人员、企业管理人员等。他们在工作上能独当一面，上班时懂得把自己打扮得体，穿着白领衬衣和西装，因而称之为白领。

“蓝领”一词初见于20世纪40年代的美国，是指以实际动手能力为判定标准，具有丰富的操作经验、高超的操作技能，能够传授操作技巧的人才，如工矿工人、建筑工人、码头工人、仓库管理员等。他们工作时所穿的工作服一般为蓝色的，因此称之为蓝领。

“灰领”一词也源于美国，原指负责维修电器、上下水道、机械的技术工人。而现在的“灰领”被赋予了新的定义，即掌握一定现代科学知识的、操作技能水平较高的复合型人才。

“金领”是指受过良好的教育，有丰富的工作经验、经营策划能力、专门技能和一定的社会关系资源的社会精英。他们不一定拥有生产资料所有权，但拥有一个公司或企业最重要的技术和经营权。

（二）按产业和行业分类

产业是指生产具有同类性质产品的生产单位所构成的生产群体，或是由具有同类社会经济职能的社会经济单位所组成的群体。产业是国民经济活动最基本的类型，中华人民共和国国家统计局1985年根据联合国的划分标准，把我国的产业分为三大产业：第一产业、第二产业和第三产业。具体见表1-1。

表1-1　三大产业划分

产业类别	行　业
第一产业	农业、林业、牧业、渔业、水利业
第二产业	工业、建筑业
第三产业	服务业：包括生产服务、文化科学教育、社会公共服务 流通业：包括批发、零售、餐饮和物流业

行业是指提供相同性质产品的所有单位的集合。一般采用经济活动的同性质原则划分国民经济行业，即每一个行业类别都按照同一种经济活动的性质划分，而不是依据编制、会计制度或管理部门等划分。我国1984年颁布的《国民经济行业分类和代码》，把我国国民经济行业分为13个门类。1994年、2002年、2017年，国民经济行业分类国家标准历经四次修订并更名为《国民经济行业分类》，包含20个门类，见表1-2。

表1-2　《国民经济行业分类》（GB/T 4754—2017）中的20个行业门类及其编码

编码	门类	编码	门类
A	农、林、牧、渔业	K	房地产业
B	采矿业	L	租赁和商务服务业
C	制造业	M	科学研究和技术服务业
D	电力、热力、燃气及水生产和供应业	N	水利、环境和公共设施管理业
E	建筑业	O	居民服务、修理和其他服务业
F	批发和零售业	P	教育
G	交通运输、仓储和邮政业	Q	卫生和社会工作
H	住宿和餐饮业	R	文化、体育和娱乐业
I	信息传输、软件业和信息技术服务	S	公共管理、社会保障和社会组织
J	金融业	T	国际组织

（三）按职业分类

1999年，我国正式颁布第一部《中华人民共和国职业分类大典》（以下简称《大典》）。《大典》参照国际标准职业分类，从我国实际出发，按照工作性质同一性的基本原则，对中国社会职业进行了科学划分和归类，全面客观地反映了现阶段我国社会职业结构状况。国家职业分类客观地反映了国家经济、社会、科技等领域的发展和结构变化，为国民经济信息统计和人口普查规范化提供依据，是劳动力科学化、规范化、现代化管理的基础，同时为职业教育与培训和就业服务提供条件，是完善国家职业资格证书制度的重要基础工作。

21 世纪以来，随着经济社会的发展、科技的进步和产业结构的调整升级，我国的社会职业构成发生了很大变化，一些传统职业开始衰落甚至消失，新的职业不断涌现并发展起来。2021 年 4 月，人力资源社会保障部、国家市场监督管理总局、国家统计局联合启动《大典》修订工作，这是自 1999 年颁布首部《大典》以来的第二次全面修订。此次《大典》的修订，遵循客观性、科学性、创新性原则，围绕数字经济、绿色经济、制造强国和依法治国等要求，专门增设或调整了相关的中类、小类职业，以充分反映经济社会和科技发展带来的实际业态变化。2022 年版《大典》职业分类体系见表 1–3。

表 1–3　2022 年版《大典》职业分类体系

大类	含中类数	含小类数	含细类数
第一大类：党的机关、国家机关、群众团体和社会组织、企事业单位负责人	6	16	25
第二大类：专业技术人员	11	124	489
第三大类：办事人员和有关人员	4	12	36
第四大类：社会生产服务和生活服务人员	15	96	360
第五大类：农、林、牧、渔业生产及辅助人员	6	24	54
第六大类：生产制造及有关人员	32	172	670
第七大类：军队人员	4	4	4
第八大类：不便分类的其他从业人员	1	1	1
合计	79	449	1 639

三、职业的发展

职业是人类社会发展到一定阶段的产物。人类社会在不断向前发展，必然引领职业的不断发展，职业的发展具有以下两个特征。

（一）产业结构不断调整影响职业的发展

随着社会生产力的发展，社会分工不断细化，产业部门日益分化，产业结构日趋复杂，产业结构状况反映着生产力发展水平和生产社会化程度。在传统农业社会，农业人口比重最大；在工业化社会，工业领域中的职业数量和就业人数显著增加；在科学技术高度发达和经济发展迅速的社会，第三产业职业数量和就业人数显著增加。

一个国家、一个社会的产业，从大的方面看，可以分为第一产业、第二产业、第三产业三大类。回溯经济发达国家的发展历史可以发现，三类产业的结构是在不断发展变化的。在工业化初期，第一产业的产值和劳动力的比重不断下降，劳动力绝对数量减少，大部分流向第二产业，小部分流向第三产业，第二产业的比重迅速上升，第三产业的比重也稳步上升；在工业化后期，第一产业的产值和劳动力的比重继续下降，劳动力大部分流向第三产业，小部分流向第二产业，第二产业的比重由上升转入稳定，第三产业的比重迅速上升；进入后工业化时期，第一、第二产业的产值比重同时下降，劳动力流向第三产业，第三产业的比重继续上升。

在三次产业结构的变化中，最突出的是第三产业，世界各国的统计资料说明，近半个世纪内，第三产业普遍得到了发展。20 世纪 70 年代以来，世界上绝大多数国家第三产业的发展速度迅速超过了第一、第二产业。现在，在经济发达国家，第三产业的产值和劳动力的比重已达到 60%～70%；在中等发达国家，第三产业的比重已达到 50%；发展中国家第三产业的比重较低，为 20%～30%。

2021 年 3 月 13 日，《中华人民共和国国民经济和社会发展第十四个五年规划和 2035 年远景目标纲要》（以下简称《纲要》）明确指出，要聚焦新一代信息技术、生物技术、新能源、新材料、高端装备、新能源汽车、绿色环保以及航空航天、海洋装备等战略性新兴产业，培育壮大产业发展新动能。《纲要》还提到，要在类脑智能、量子信息、基因技术、未来网络、深海空天开发、氢能与储能等前沿科技和产业变革领域，组织实施未来产业孵化与加速计划，谋划布局一批未来产业。总之，要着眼于抢占未来产业发展先机，培育先导性和支柱性产业，推动战略性新兴产业融合化、集群化、生态化发展，使战略性新兴产业增加值占国内生产总值（Gross Domestic Product，GDP）的比重超过 17%。因此，产业结构不断调整必然影响职业的发展。

（二）社会生产力的进步促进职业的发展

职业自产生以来，就随着社会生产力的进步和社会分工的发展而不断发展变化，主要表现为职业种类由少到多，职业分工由简单到精细，职业内容不断弃旧更新，新型职业不断产生等。

1. 职业种类由少到多

新职业出现的频率逐渐提高。在职业产生初期，职业种类少，发展缓慢；随着社会的发展，职业种类增加的速度逐渐加快。据有关资料统计，我国封建社会初期（周朝），社会职业只分为 6 大类，即五公（发号施令的统治者）、士大夫（负责执行命令的官吏）、百工（各种手工业工匠）、商旅（商人）、农夫（种田人）、妇工（从事纺织、编织的妇女）。所谓“百工”，是技艺匠人的总称，当时有木工 7 种，金工 6 种，皮工、染工各 5 种，还有其他各种工种，加起来不过三四十个。到了隋朝，职业增加到 100 个，比周朝多了一倍多，到了宋朝达 220 个，到了明朝已增至 300 多个。中华人民共和国成立后，全国各种工种岗位的总和达 10 000 个左右。

2. 职业分工由简单到精细

职业的产生是社会分工的结果。职业分工具有三个层次，一般分工区分出第一产业、第二产业和第三产业；特殊分工出现了不同行业；个别分工划分出职业岗位。例如农业，最早是指种植业。农民所从事的劳动包括从播种到收获各种作物的一系列活动。后来随着生产力的发展，出现了粮食作物种植与经济作物种植的区分。经济作物种植又分为棉花种植、果树种植、茶桑种植等，于是产生了棉农、果农、茶农等。现代农业的发展使种植活动本身也产生了社会化服务体系，体现了职业的进一步分化，标志着农业专业化的形成。再如建筑业，从原始的单一职业发展到现代化的建材生产、建筑设计、土建、装修等几十个职业构成的庞大建筑职业群。

在现代生产条件下，科学技术与生产的关系日益密切，促进生产社会化和专业化的进一步发展，推动新材料、新设备、新工艺的运用。以第三产业为例，当人类社会进入知识经济时代，工业部门采用日益先进的新技术，逐步实现了生产自动化，知识和技术取代资金的决定性地位，成为工业发展中最重要的生产要素。随着电子、航空、光纤通信、计算机等新兴工业部门迅速发展，出现了比传统的工业经济时代更复杂的职业岗位。

3. 职业内容不断弃旧更新

同一职业会随着社会的发展和科学技术的进步而具有截然不同的内容，对从业者的素质提出了更高的要求。如设计院的工程师，原来设计是用图板、丁字尺和画笔画出图纸。随着计算机的广泛运用，工程师几乎不用这些工具了，运用计算机辅助设计（Computer Aided Design，CAD）画图不仅美观、准确，而且速度快，大大提高了工作效率。设计因为所凭借的工具而发生了革命性的变化。工程师如此，教师、会计、商场售货员也是如此，虽然职业岗位没有变化，但职业活动的内容发生了重大的变化。

又如，现代的农民不同于刀耕火种时代的农民，农业劳动已不是仅仅依靠体力的劳动，它还要求从业者掌握现代生物学知识、育种知识、栽培原理、土壤肥料知识、气象知识、农业机械知识与技能等现代农业科学技术知识，所采用的工具同原始农业相比更是有了天壤之别。社会发展了，职业内容也在不断地发生变化，从业者的观念、知识、技能必须随之更新。

4. 新型职业不断产生

新科学技术的应用是新型职业不断产生的动力和源泉。每次发生技术革命，都必然有大批新型职业产生，同时也有部分传统职业被淘汰。如蒸汽机的使用，使整个机械制造业、运输业、纺织业发生了巨大变化；铁路的出现促使成百上千种新的职业产生；石油和电力的应用，带来了城市电气、汽车、飞机、电报、电话、无线电、化学工业、塑料工业等一大批新型行业与新型职业的产生；以原子能、计算机、空间技术和现代生物科学为标志的新技术革命，正在开辟着许许多多高新科技产业及一大批新的职业领域。据统计，现在平均每年有600多种新型职业产生，同时有500多种传统职业被淘汰。旧职业消失的同时，一些闻所未闻的新型职业正在悄然兴起。

相关链接

18个新职业向人们走来

家庭教育指导师、研学旅行指导师、民宿管家……近日，人力资源和社会保障部（以下简称“人社部”）向社会公示18个新职业信息，颇具时代感的职业令人感叹“变化真大”。

自2019年人社部重启新一轮新职业发布以来，已陆续发布过4批共56个新职业。专家表示，这些新职业大多顺应经济社会发展需求，满足人民对美好生活的需要，尤其体现在家庭教育、养老、环保等方面。

此次发布的18个新职业分别为：机器人工程技术人员、增材制造工程技术人员、数据安全工程技术人员、退役军人事务员、数字化解决方案设计师、数据库运行管理员、信息系统适配验证师、数字孪生应用技术员、商务数据分析师、碳汇计量评估师、建筑节能减排咨询师、综合能源服务员、家庭教育指导师、研学旅行指导师、民宿管家、农业数字化技术员、煤提质工、城市轨道交通检修工。

据了解，新职业大致可分为三类：机器人工程技术人员等在数字经济发展中催生的“数字职业”；碳汇计量评估师等在碳达峰、碳中和的发展目标要求下涌现的“绿色职业”；家庭教育指导师等在新阶段、新理念、新格局和人民对美好生活的需要中孕育的新职业。人社部有关负责人介绍，此次公示的机器人工程技术人员、增材制造工程技术人员等职业，均是参照《数字经济及其核心产业统计分类（2021）》进行界定的。“对数字职业进行标注，是我国职业分类工作的重要创新，对推动数字经济、数字技术的发展以及提升全民数字素养具有重要意义。”该负责人说。

新发布的职业中，家庭教育指导师这个职业一度冲上热搜，引发不少网友关注并热议：“家庭教育指导很有必要”“教家长如何教育孩子，非常支持”……人社部有关负责人介绍，随着《家庭教育促进法》的出台实施和“双减”等政策的推行，确立从事家庭教育和研学旅行指导人员的职业属性、界定职业工作任务等很有必要。基于此，专家和有关部门提出了家庭教育指导师、研学旅行指导师2个新职业。

首都师范大学家庭教育研究中心主任康丽颖介绍，中国向来有重视家庭建设、注重家教家风的传统。近年来，国家倡导构建覆盖城乡的家庭教育指导服务体系，健全学校家庭社会协同育人机制，加之“三孩”生育政策的实施，使家庭教育的需求加大，诸多因素催生了家庭教育指导师这一新职业。

那么，新职业的发布具有怎样的意义？

根据日前发布的5月份国民经济运行情况，就业问题尤受关注。2022年高校毕业生规模达到1 076万人，首次突破千万人，毕业生规模和增量均创历史新高。国家治理现代化与社会组织研究中心主任徐明认为，新职业的诞生无疑打开了更多就业“风口”。“自由的工作状态、将兴趣与职业融合、提供实现个人价值的舞台——新职业具备受年轻人喜爱的各种因素。”徐明说。在此背景下，以新职业为代表的新就业形态加速发展，对于增加就业数量、提升就业质量和优化就业结构，都有积极作用。

新职业的出现改善了人们的生活，但打着“短期速成”“官方认证”等新职业资格名义的培训市场乱象也时有发生。下一步，人社部将会同有关部门组织制定新职业标准，指导培训机构依据国家职业标准开展培训。同时，人社部会积极稳妥地推行社会化评价，由经人社部门备案的用人单位和社会组织开展评价活动。

人社部表示，将由评价机构按照有关规定，对评价认定合格的人员颁发证书。获证人员信息纳入人才统计范围，获证人员按规定享受职业培训补贴、职业技能鉴定补贴等政策。

（资料来源：人民网，http://edu.people.com.cn/n1/2022/0621/c1006-32451564.html）

任务二

职业生涯的内涵及意义

“生涯”是日常生活中运用得较广泛的一个词,如学习生涯、革命生涯、军旅生涯、教学生涯等。在《现代汉语词典(第7版)》中,“生”是指生存,“涯”泛指边际。一般认为,生涯就是指人的一生。生涯的英文是career,本义是战车,现引申为人生发展历程,还蕴含着竞争、竞赛的意思。career也被翻译成职业生涯。《辞海》对“生涯”一词的定义是:“从事某种活动或职业的生活。”

目前,对于“生涯”一词大多数西方学者所接受的定义是唐纳德·舒伯(Donald Super)的观点:生涯是生活里各种事态的演进方向和历程,它统合了人一生中的各种职业和生活角色,由此表现出个人独特的自我发展形态。生涯也是人从青春期到退休之后,所从事的一连串有酬或无酬职位的综合。除了职业之外,生涯还包括任何与其他活动有关的角色,如学生、退休者,甚至包含家庭和社会的角色等。

职业生涯不仅仅局限于工作或职业,还包含了个人的生活,即包含一个人在其一生中所从事的所有活动。工作是指在一个组织机构中类似的、有薪资的职位,且要求工作者具有类似的特性,如建筑设计师、推销员、教育工作者、医护人员、公务员等;职业是指在许多企业或机构中的一些类似的工作,如工人、商人、教师、医生等。而生涯的定义要比这二者都宽泛很多,除了工作和职业之外,它还集合了人一生所从事的各种活动。人的一生扮演着不同的角色,从孩童、学生、上班族、社会公民到父母,不同社会角色的组合就形成了人的“生活风格”,这样的发展过程就构成了“生涯”。

职业生涯是一个人的终生职业经历。与职业不同,职业生涯是个发展的概念,是一个动态的过程。它不仅包括一个人的过去、现在和未来那些可以实际观察到的连续从事的职业发展过程,还包括个人对职业生涯发展的见解和期望。具体地讲,职业生涯是以心理开发、生理开发、智力开发、技能开发、伦理开发等人的潜能开发为基础,以工作内容的确定和变化,工作业绩的评价,工资待遇、职称、职务的变动为标志,以满足需求为目标的工作经历和内心体验。

美国职业心理学家埃德加·H.施恩(Edgar H. Schein)最早把职业生涯分为外职业生涯和内职业生涯。他提出,外职业生涯是指经历一种职业(由教育开始,经工作期直到退休)的道路,包括职业的各个阶段:应聘、培训、提拔、奖惩、解雇、退休等,内职业生涯则更多地注重所取得的成功或主观感情的满足以及工作事务与家庭义务、个人消闲等其他需要的平衡。

一、外职业生涯与内职业生涯

（一）外职业生涯

1. 外职业生涯的含义

外职业生涯是指从事职业时的工作单位、工作地点、工作内容、工作职务、工作环境以及工资待遇等要素的组合及其变化过程。外职业生涯着重强调外部环境和外部条件，其构成要素通常会随着外在条件的变化而变化。外职业生涯的稳定以内职业生涯的发展为前提，良好的外职业生涯还可提升个人对内职业生涯的认知，二者相互促进，相互协调。

2. 外职业生涯的特点

（1）不可控性：外职业生涯构成要素往往是他人给予的，也容易被他人收回和否定。

（2）不等偿性：外职业生涯构成要素的回报往往与自己的付出不符，尤其是在职业生涯初期。

（3）依赖性：外职业生涯发展以内职业生涯发展为前提条件。

有的人一生疲于追求职业生涯的成功，但内心极为痛苦，因为他们追求的是外职业生涯，他们往往不了解外职业生涯的成功是以内职业生涯发展为前提条件的，所以错过了提升自己的机会，和成功擦肩而过。

（二）内职业生涯

1. 内职业生涯的含义

内职业生涯是指从事一种职业时的知识、观念、能力、经验、成果、心理素质以及内心感觉等要素的组合及其变化过程。它是别人无法替代获取和窃取的人生财富。

内职业生涯如同树根，并不是随时都能显露出来，只有当我们发表见解、做决定、做工作时才能表现出来。

2. 内职业生涯的特点

（1）自我实现性：内职业生涯构成要素要靠自己努力追求才得以获得。

（2）不可剥夺性：内职业生涯构成要素一旦获得，他人便不可收回或剥夺。

（3）可以转化性：内职业生涯可以转化为外职业生涯。

（三）外职业生涯与内职业生涯的区别

外职业生涯构成要素通常是由别人认可和给予的，也容易被别人否认和收回；而内职业生涯构成要素的取得主要靠自己努力追求得以实现，一旦取得，别人便不能收回或剥夺。内职业生涯是真正的人力资本所在，提高内职业生涯而取得的工作成绩，会转化为外职业生涯。

只有内、外职业生涯同时发展，职业生涯之旅才能一帆风顺。内职业生涯的发展是外职业生涯发展的前提，外职业生涯发展顺利也可以促进内职业生涯的发展。

二、职业生涯的分期

在我国，有些研究者提出了适合我国国情的职业生涯分期模式。一般认为，人的职业生涯可分为五个时期。

（一）职业准备期

职业准备期一般从 15 岁或 16 岁开始直到面临就业时止。职业准备期是个人形成了较为明确的职业意向后，为从事职业而进行心理、知识、技能准备以及等待就业机会的时期。每个择业者都有选择一份理想职业的愿望与要求，准备充分的择业者能够很快地找到自己理想的职业，顺利地进入职业角色。

（二）职业选择期

职业选择期一般在 17 岁或 18 岁到 30 岁左右。这是实际选择职业的时期，也是个人由潜在的劳动者变为现实劳动者的关键时期。在这一时期，人们根据社会需要以及自己的能力、愿望选择职业。职业选择不仅仅是个人挑选职业的过程，也是社会挑选劳动者的过程，只有个人与社会相互认可、成功结合，职业选择才会成功。

（三）职业适应期

在职业适应期，择业者刚刚踏上工作岗位，存在一个适应过程，要完成从一个择业者到一个职业工作者的角色转换，尽快适应新的角色及新的工作环境、工作方式、人际关系等。这个阶段是对人的职业能力进行实际检验的时期。在这一时期，许多人能在一两年内顺利适应某一种职业（适应期有长有短，因人而异）；有些人则难以适应，又重新选择职业。

（四）就业稳定期

就业稳定期一般在青年、壮年时期。这一时期，个人的职业活动能力处于鼎盛时期，因此是创造业绩、成就事业的黄金时期。这一时期占据人的职业生活的绝大部分，是人的劳动效果最好的时期。当然，职业稳定是相对的，在科学技术发展迅速、人才流动速度加快的今天，个人的就业单位与职业岗位发生变化是很正常的。

（五）职业结束期

在职业结束期，个人由于年龄或身体状况的原因，职业活动能力与职业兴趣逐渐减弱，从而结束职业生涯。

三、职业生涯规划的意义

每个有追求的人都会考虑：我怎样度过我的人生？正如歌德所说，人生最重要的事情就是确立一个伟大的目标，并决心实现它。一个人如果不知道自己要往哪里去，他就哪里也去不了。要实现目标，首先得确立目标。职业生涯规划是大学生确立目标和找到目标实现方法的步骤，是减少遗憾，使自己的人生过得成功和有意义的必然要求。

（一）职业生涯规划的意义

1. 树立远大目标

中华优秀传统文化中孕育着丰富的生涯智慧。中国教育的开山始祖、至圣先师孔子可以被看作职业生涯规划的典范。孔子生活的时代是春秋乱世，他的成长背景是平凡而穷困的，但他不畏人生的艰难，突破社会种种不利因素的影响，激发了自己生命的潜能，展现了作为一个“人”的完美形象。《论语·为政》有云：“吾十有五而志于学，三十而立，四十而不惑，五十而知天命，六十而耳顺，七十而从心所欲，不逾矩。”这句话是孔子对自己一生各阶段的总结，同时也是中国本土化生涯发展理念的高度概括，对我们的职业生涯规划具有高屋建瓴的指导作用。人无志不立，孔子“十有五而志于学”，这是他到七十岁时能做到“从心所欲，不逾矩”的首要原因。十几岁正是人读书学习的大好时期，知识的积淀能使我们站得更高、看得更远。在掌握基础知识、基本生存技能的前提下，人生目标也在此阶段初步形成。通过对职业生涯规划的学习、探索和思考，我们能尽早明确人生发展的大方向或目标，并为之付出长久的努力。这样，即使成不了圣人，也不至于成为“剩人”。正如古训所讲的“志当存高远”，目标对人生具有巨大的导向作用，可以说，有什么样的目标就会有什么样的人生。

2. 合理掌握时间

《认知盈余：自由时间的力量》的作者克莱·舍基（Clay Shirky）说，全美国人一年花在看电视上的时间大约为 2 000 亿个小时。如果我们将每个人的自由时间看成一个集合体，一种认知盈余，那么，这种盈余会有多大？我们已经忘记了我们的自由时间始终属于我们自己，我们可以凭自己的意愿来消费它们、充实它们和分享它们，可以通过积累将平庸变成卓越。在我们没有仔细规划自己的时间以前，我们的时间是“公共资源”，任何人、任何事都可以随意占用，而我们却没有感觉。我们不是时间的主人，我们的时间是为别人服务的，或在毫无价值地流逝着。因此，在当前这个后物欲的互联网时代，在拥有更多自由的大学阶段，大学生们也要反思时间的主人是谁，合理掌握并利用时间。

3. 发展个人潜能

《大学》开篇有云：“大学之道，在明明德，在亲民，在止于至善。知止而后有定，定而后能静，静而后能安，安而后能虑，虑而后能得。物有本末，事有终始。知所先后，则近道矣。”这句话的核心就是知止而定，有了目标才能够思想坚定，思想坚定才能有所思考、有所收获。“定”就是“坚定”“安定”的意思。人有目标、有规划，才能内心坚定，内心坚定才能宁静致远，才能处理好人与自然、人与人之间的关系。大学生正处于人生的探索期，大学里不仅要学知识、锻炼技能，更要注重学术上的交流和精神上的交往，在主体性基础上思索未来，寻求人生的奋斗目标并向着目标去努力提升自己，最终达到自我实现。

（二）大学生进行职业生涯规划的意义

职业生涯规划不仅具有很高的理论价值，还具有很强的现实意义。大学生进行职业生涯规划的现实意义体现在以下五个方面。

1. 帮助大学生充分认识自我

很多大学生能够充分了解自己的个性、兴趣和能力，但对自己喜欢的职业和不喜欢的职业却缺乏了解。通过职业生涯规划，大学生能够充分且正确合理地认识自身，通过科学的方法来对自己进行评估，从而实现自我定位和职业定位，选择自己喜欢并适合自己的职业。

2. 进一步增强大学生应对社会竞争的能力

当今社会各种竞争日益激烈，要想在竞争中占据有利的位置，就需要找到一个适合自己发展的平台。通过职业生涯规划，大学生能找到良好的平台，进一步增强应对社会竞争的能力。

3. 激励大学生合理安排大学的学业

大学生的学业规划应该以职业为导向，也就是说，一个人选择什么样的职业，就应该有一种相应模式的学业规划。每个人的学业规划都不是完全相同的，多多少少会存在一些差异。

4. 合理配置就业市场中的各种人才

大学生盲目就业往往会使本已混乱的人才市场雪上加霜。职业生涯规划能把毕业生引导到人职匹配的良性择业道路上，理顺人才市场的供求关系，从而为社会发展带来勃勃生机。

5. 提升大学生的职业能力

职业生涯规划教育可以使大学生找到适合自己的就业方向，还能使其有意识地提高自己的综合素质，锤炼自身的综合能力，进而不断地尝试相关的社会实践活动，锻炼自己的抗挫折能力，提高自己的社会责任感，最终使自己的综合职业能力得到较大的提升，得到用人单位的认可并顺利地进入职场，完美地实现自己的人生价值。

任务三

职业生涯发展阶段理论

职业生涯是一个人长期的发展过程，在不同的发展阶段，个人有着不同的职业需求和人生追求。比如，20多岁的人注重多学习、长见识，把工作更多地看成是历练的机会；30～40岁的人开始成家立业，追求人生的发展；40岁以上的人想获得稳定的社会地位和收益，追求事业的稳定，趋向于回避风险；50岁以后，人们就开始享受职业生活的恩赐，为退休后的生活做准备。职业生涯发展阶段的划分是职业生涯规划研究的一个重要内容。对于具体阶段的划分，不同的专家学者持不同的观点，在这里，我们介绍两种主要的职业发展阶段理论。

一、金斯伯格的职业生涯发展理论

金斯伯格的职业生涯发展理论是美国著名的职业指导专家、职业生涯发展理论的先驱和典型代表人物——埃利·金斯伯格（Eli Ginzberg）提出的理论，其研究的重点是从童年到青少年阶段的职业心理发展过程。他将职业生涯的发展分为幻想期、尝试期和现实期三个阶段。

（一）幻想期

幻想期是11岁之前的儿童时期。儿童对大千世界，特别是对于他们所看到或接触到的各类职业工作者充满了新奇、好玩的感觉。此时期人们职业需求的特点是：单纯凭自己的兴趣爱好，不考虑自身的条件、能力水平和社会需要与机遇，完全处于幻想之中。

（二）尝试期

尝试期在11～17岁，这是由少年儿童向青年过渡的时期。此时期，人的心理和生理在迅速成长发育和变化，有独立的意识，价值观念开始形成，知识显著增长，能力显著增强，初步拥有社会生产和生活的经验。在职业需求上呈现出的特点是：有职业兴趣，但不仅限于此，会更客观地审视自身各方面的条件和能力；开始注意职业角色的社会地位、社会意义，以及社会对该职业的需要。

（三）现实期

现实期是17岁以后的青年时期。此时期，人们即将步入社会进行劳动，能够客观地把自己的职业愿望或要求，同自己的主观条件、能力以及社会现实的职业需要紧密联系和协调起来，寻找适合自己的职业角色。此时期人们所希求的职业不再模糊不清，已有具体的、现实的职业目标，职业需求的最大特点是客观性、现实性。

二、舒伯的职业生涯发展理论

唐纳德·舒伯（Donald E. Super）是美国一位有代表性的职业管理学家。他的职业生涯发展理论是一种纵向职业指导理论，重在对个人的职业倾向和职业选择过程本身进行研究，是一种建立在生涯整合观念之上的理论。它强调主客观的互相作用，这种互相作用系统地阐述了一种生涯发展的模式。舒伯把职业生涯的发展看成是一个持续渐进的过程，并将伴随个人的一生。其主要理论观点如下。

（一）自我概念

自我概念是舒伯职业生涯发展理论的核心概念。自我概念是指个人对自己的兴趣、能力、价值观及人格特征等方面的认识。一个人的自我概念在青春期以前就开始形成，至青春期较为明朗，并于成人期由自我概念转化为职业生涯概念。对工作与生活满意与否，就在于个人能否在工作和生活中找到展现自我的机会。用舒伯的话说，“职业生涯就是对自我的实践”。

（二）职业生涯发展阶段

舒伯认为人的职业生涯发展分为五个阶段。

1. 第一阶段：成长阶段（0~14岁）

这个阶段是认知阶段。在这一阶段，儿童开始辨认他们周围的事物，并逐渐意识到自己的兴趣所在以及掌握和职业相关的一些最基本的技能。

这个阶段的特征：个人开始考虑自己的将来，逐渐具备一定的生活控制能力，获得胜任工作的基础能力，并且在该阶段末期，越来越有意识地关心长远的未来。个人在第一阶段所要做的，是通过学校内的学习、社会活动来认识自我，理解世界以及工作的意义，初步建立起良好的人生态度。

主要任务：建立并认同自我概念，对职业的好奇占主导地位，并有意识地逐步培养职业能力。

舒伯将这一阶段具体分为三个成长期。

（1）幻想期（10岁之前）：儿童从外界感知到许多职业，对自己觉得好玩和喜爱的职业充满幻想并进行模仿。

（2）兴趣期（11～12岁）：以兴趣为中心，理解、评价职业，开始做职业选择。

（3）能力期（13～14岁）：开始考虑自身条件与喜爱的职业相符与否，有意识地进行能力培养。

2. 第二阶段：探索阶段（15～24岁）

这个阶段是职业认同阶段。青少年开始通过尝试一些自己感兴趣的职业活动，对自我能力及角色、职业进行探索。在这一阶段，个人有了初步的职业选择范围，并且为之进行学习或实践。

这个阶段的特征：深化对职业和工作的认识，将学习成果和实践经验沉淀为结晶，使自己的职业偏向具体化，并初步进行实践。

主要任务：通过学校内的学习进行自我考察、角色鉴定和职业探索，完成择业及初步就业。

这一阶段也可分为三个时期。

（1）试验期（15～17岁）：综合认识和考虑自己的兴趣、能力与职业的社会价值、就业机会，开始进行择业尝试。

（2）过渡期（18～21岁）：正式进入劳动力市场，或者参加专门的职业培训，明确某种职业倾向。

（3）尝试期（22～24岁）：选定工作领域，开始从事某种职业，对职业发展目标的可行性进行尝试。

3. 第三阶段：建立阶段（25～44岁）

这个阶段是职业稳定阶段。个人通过不断努力来获得职业生涯的发展和成就，逐渐能在自己的领域中占有一席之地，并开始增加作为家庭照顾者的角色。有些时候，个人在这阶段（通常是希望在这一阶段的早期）能够找到合适的职业，并全力以赴地投入有助于自己在此职业中取得永久发展的各种活动之中。人们通常愿意（尤其是在专业领域）早早地就将自己锁定在某一已经选定的职业上。然而，在大多数情况下，在这一阶段的人们仍然在不断地尝试与自己最初的职业选择所不同的各种工作和追求不同的理想。

这个阶段的特征：个人开始尝试选择适合自己的职业领域，在不断的挑战中使工作稳定，并学会在家庭和事业之间保持平衡。

主要任务：选定一个合适的工作领域，并谋求发展。这一阶段是大多数人职业生涯周期的核心阶段。

这个阶段也可划分成两个时期。

（1）选择期（25～30岁）：为提升工作职位或改善状态而不断进行调整，以求早日立业。若对最初选定的职业不满意，可以再选择，变换职业；也可能对初选职业满意而无变换。在这一阶段，个人需要确定当前所选择的职业是否适合自己，如果不适合，就需要准备进行一些调整。

（2）稳定期（31~44 岁）：最终确定职业，开始致力于稳定工作。在这一阶段，人们往往已经定下了较为坚定的职业目标，并制订了较为明确的职业计划来确定自己晋升的潜力、工作变换的必要性以及为实现这些目标需要开展的教育活动等。需要注意的是，在这一阶段的某个时间段上，有的人可能会面临职业中期危机。在职业中期危机阶段，人们往往会根据自己最初的理想和目标对自己的职业进步情况作一次重要的重新评价。他们可能会发现，自己并没有朝着目标靠近，或者已经完成了自己预定的任务之后才发现，自己过去的梦想并不是所想要的全部。在这一时期，人们还有可能会思考，工作和职业在自己的全部生活中到底有多重要。通常情况下，这一时期的人们不得不面对一个艰难的抉择，即判定自己到底需要什么，什么目标是可以达到的，以及为了达到这一目标自己需要作出多大的牺牲。

4. 第四阶段：维持阶段（45~64 岁）

在这一阶段，个体已经找到了适合的领域，并努力维持在这个领域已取得的成就和社会地位。与前一阶段相比，这个阶段发生的变化主要是职位、工作和单位的变化，而不是职业的变化。

这个阶段的特征：个人已经实现常言所说的“功成名就”，不再考虑变换工作，只力求维持已取得的社会地位。

主要任务：学习新的技能，维护已获得的成就和社会地位，维持家庭和工作的平衡关系，寻找接替人选。

5. 第五阶段：衰退阶段（65 岁以上）

这个阶段是退休阶段。由于生理、心理机能和工作能力日益衰退，个人职业角色的分量逐渐减轻，重心由工作逐步向家庭和休闲转移。个人开始安排退休或开始退休生活，发展新的角色，从精神上寻求新的满足点。

这个阶段的特征：个人必须学会接受权力和责任减少的现实，学会接受一种新角色，学会成为年轻人的良师益友。

主要任务：逐步退出职业和结束职业，开发新的社会角色，减少权利和责任，适应退休后的生活。

舒伯提出，在一个人一生的职业发展过程中，职业生涯发展的五个阶段是一个不断循环的过程。职业发展的五个阶段并不完全和年龄相关，而且各阶段之间并不存在严格的界限，可能有交叉。在人生中的不同时期，都可能经历由这五个阶段构成的一个“小循环”。

（三）职业循环发展理论

在上述舒伯提出的职业生涯发展阶段中，每个阶段都有特定的发展任务需要完成，每个阶段要达到一定的发展水准或成就水准，而且前一阶段发展任务的达成与否关系到后一阶段的发展。舒伯认为，职业生涯发展的各个阶段同样要面对成长、探索、建立、维持和衰退的问题，因而形成“成长—探索—建立—维持—衰退”的循环，见表 1-4。

例如，一个大一新生必须适应新的角色与学习环境，经过"成长"和"探索"，一旦"建立"了较固定的适应模式，同时"维持"了大学学习生活之后，又要开始面对一个新的阶段——准备求职。原有的已经适应了的习惯会逐渐衰退，继而面对新阶段的任务又要经历"成长—探索—建立—维持—衰退"的过程，如此循环往复。

表 1-4　循环式发展

阶段	青年（14～25 岁）	成年早期（25～45 岁）	中年（45～65 岁）	老年（65 岁以上）
成长	发展适宜的自我观念	学习与他人间的关系	接纳个人的限制	发展非职业性的角色
探索	寻找更多的工作机会	寻找机会，做自己喜欢做的事	辨识新问题并设法解决	寻找合适的退休后活动场所
建立	开始创业	安于现职	学习新的技能	从事向往已久的事
维持	验证当前的职业选择	设法保持工作的稳定	巩固自己，面对竞争	保持仍有兴趣的事
衰退	减少用于嗜好的时间	减少运动时间	集中于主要活动	减少工作时间

（四）生涯彩虹图

舒伯认为，一个人的职业生涯发展与个人在发展历程的各个阶段中所扮演的各种角色，如子女、学生、休闲者、公民、工作者、持家者等相关。人在某一阶段对某角色投入得多，会实现这一角色的成功，同时也可能导致另一角色的失败。舒伯将发展的各个阶段称为生活广度，将个人扮演的角色称为生活空间。生活广度和生活空间交汇成为生涯彩虹图（图 1-1），它描绘出了生涯发展阶段与角色彼此间交互影响.多重角色生涯发展的状况。

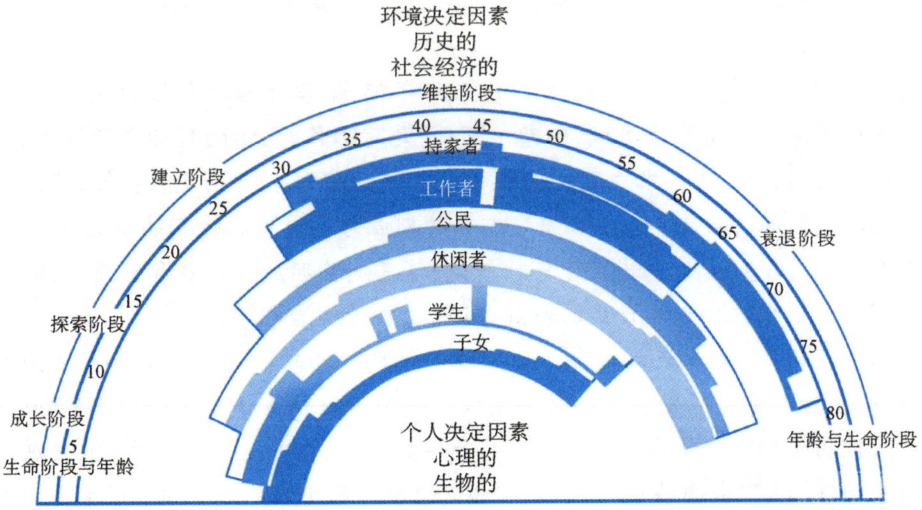

图 1-1　生涯彩虹图

图1-1中，最外面的一层代表横跨一生的“生活广度”，即生涯发展的各阶段；内部各层由一系列生涯最基本的角色组成，代表纵观上下的“生活空间”；阴影代表在各个阶段对角色的投入程度，阴影越厚、颜色越深代表对角色投入得越多。生涯彩虹图直观地告诉我们各阶段该如何调配角色，有利于帮助我们独立设计自己的生涯。

通过生涯彩虹图，我们可以发现舒伯把人生分为三个层面：第一是时间层面，就是一个人的生命历程；第二是广度层面，就是一个人终其一生所扮演的各种不同角色；第三是深度层面，就是一个人扮演每个角色时所投入的程度。这三者的结合，就是舒伯所理解的生涯。

相关链接

大学阶段的生涯发展任务

从舒伯的职业生涯发展理论来看，大学生在经历成长阶段的基础教育之后，正处于生涯探索阶段和生涯建立阶段的转换期。因此，大学阶段的生涯发展任务主要是通过生涯探索明确发展方向，完成具体的生涯计划和准备。

著名心理学家丹尼尔·莱文森（Daniel Levinson）从发展心理学的视角指出，成人阶段包括三个主要的次阶段，每一个次阶段之前都有一个转换期。

成人早期前的转换期：17~22岁。这是青春期和完全进入成人期之间的过渡。这一时期，个体努力使自己从父母的资助和权威中分离出来，同时为在成人世界生活打下基础。

成人早期：22~40岁。这一时期，个体走出青少年的世界，企图脱离父母的保护，获得心理上的独立；开始建立稳定的生活结构，树立理想，确定职业；学会在不同的环境以不同的角色对待异性，如把异性视为朋友、同事及亲密的伴侣等。在成人早期，个体要经历28~33岁这五年的转换期，此后个体进入稳定时期，事业发展更加快速，声望日隆，希望在社会中获得一席之地。

成人中期前的转换期：40~45岁。进入中年期，个体开始对自己的生活进行评估。通常是发现早年的愿望无法达成，幻想破灭，于是对工作、生活的目标进行修正。

成人中期：45~65岁。中年危机解除，对生活更加满意，个体会更为睿智且深思熟虑。

成人晚期前的转换期：60~65岁。这一时期成为连接成人晚期的桥梁。

成人晚期：65岁以上。进入智慧时期，个体不是特别注重工作和家庭生活，但可能担任有影响力的工作。如非正式的教师、睿智成熟的政治家等。

根据该理论，绝大多数大学生正处于成人早期前的转换期。从青少年变为成年人的过程中，生活上有许多发展任务需要完成。美国生涯辅导学者艾根（G. Egan）认为，进入成人期的年轻人有十大发展任务：①变得更具备能力；②达到自主；③发展并实践自己的价值观；④形成自我认定；⑤将“性”纳入自己生命的一部分；⑥结交朋友并发展亲密关系；⑦爱与许诺；⑧从事初步的工作与生涯选择；⑨成为好公民；⑩学习并善用休闲时间。

结合我国的实际，大学生生涯发展主要有以下十个方面的重要课题：

①对身体的发育，特别是因性成熟引起的诸多变化的理解和适应；

②逐渐完善作为男性或女性的性别角色；

③从精神上和经济上脱离父母并走向独立；

④对新的人际关系特别是异性关系的适应；

⑤正确认识自己在社会中的角色，通过各种社会活动完善自己；

⑥树立作为社会成员必需的正确的世界观、人生观和价值观；

⑦掌握作为社会成员必须具备的知识和能力并付诸社会实践；

⑧选择职业及适应职业；

⑨恋爱、结婚及适应婚姻；

⑩成熟感的获得及自我实现。

项目训练

生涯幻游：想象二十年后的自己

一、游戏介绍

这个游戏将帮助你了解自己希望成为什么样的人，从而找到努力的方向。这有点像催眠游戏，你需要做的是尽情想象，不用说话，在心里记下自己的幻游经历。

二、调整准备

现在请你尽可能放松，在你的座位上躺下或调整到你觉得最舒服的姿势。然后闭上眼睛，尽可能放松，调整你的呼吸：呼气（停顿），吸气（停顿），呼气（停顿），吸气（停顿）。保持这样平稳的呼吸。接下来，放松身体。

三、进入幻游

想象你现在已经乘上时空穿梭机，请系好安全带，我们马上就要起飞了。

第一站：五年后的某一天。这一年你多少岁？

1. 想象某天清晨你刚醒来，是睡到自然醒还是被闹钟吵醒的？现在是几点钟？你在哪儿？

2. 观察下四周是什么样子的。你看到了什么？闻到了什么？听到了什么？

3. 起床后的第一件事情是做什么？

第二站：十年后的某一天。这一年你多少岁？

4. 请观察下你的四周是什么样子的。你看到了什么？闻到了什么？听到了什么？和什么人在一起？

5. 当你想到今天的工作时你的感觉怎样？是平静、激动、厌倦还是害怕？

第三站：十五年后的某一天。这一年你多少岁？

6. 你现在正在吃早饭,是有人和你一起吃,还是你一个人吃?

7. 现在你准备去上班,出门后回头看看你住的房子,它是什么样子的?

最后一站:二十年后的某一天。这一年你多少岁?

8. 你用什么交通工具去单位?有人和你一起吗?如果有的话是谁呢?当你在上班路上时请注意周围的一切。单位离家有多远?

9. 到达单位了,想象一下单位是什么样子的。它在哪里?看起来怎么样?

10. 接下来你要做什么?想象下你的工作要做些什么。你跟别人一起工作,还是你独自工作?是在户外还是室内工作?

11. 你一天的工作结束了,这一天让你感觉到满足还是沮丧?为什么?

12. 你对这种生活的感觉究竟如何?

四、结束幻游

过一会儿,我将要求你回到现在。请走进时空穿梭机,系好安全带。我会由5数到1,当我数到1的时候,你回到了现在,回到了教室里……看看周围的一切,欢迎你幻游归来。你喜欢幻游的生活吗?喜欢的话可以分享你的经历。

五、分享与讨论

分享自己二十年后的状态。请你花些时间思考下列问题。

1. 我二十年后从事的工作:

工作是______________________________。

工作的内容是____________________________。

工作的场所在____________________________。

工作场所周围的环境是______________________。

工作场所周边的人群是______________________。

2. 我二十年后的生活状态:

婚姻状况为 □已婚 □未婚 □其他__________________。

居住的场所在__________。

居住的场所周围的环境是____________。

3. 请说明下列问题:

我在进行幻游时,印象最深刻的画面是__________________。

我在进行幻游后,最深的感受是______________________。

在进行幻游后,我觉得我未来会从事________________职业。

六、诠释与研究

虽然幻游中的场景更多的是想象,但想象的意义是不可否认的。正如高景轩所著《自我实现的预言》一书中的观点:"假想"可以弄假成真,"预期"能够促成现实,"精神作用"会转化为物质能量。人生祸福沉浮不是命中注定的,而是自我实现的结果。我们都有天生的倾向性,想要达到个人能力的最高水平。希望激励进步,付出孵化成就,播种带来收获，这些皆可被视为自我实现的预言。

罗伯特·金·默顿（Robert King Merton）认为自我实现的预言即使自己的预期成真的预言。美国社会学界的元老威廉·I. 托马斯（William I. Thomas），提出了作为社会科学基础的托马斯定理："如果人们把情境当作是真实的，那么其结果将成为真实的。"尽管这一定理在托马斯的多卷著作中只出现过一次，尽管托马斯当时只用了一段话来对其加以说明，但这个定理却引起了许多人的关注，因为它包含着深层的社会学内涵，对广泛的社会过程具有指导性的应用价值。

所以，不怕想象多么遥不可及，就怕不敢想，不会想。当一个人不敢去想象自己的美好未来时，其心灵就蒙上了一层灰暗的阴霾，生命力就虚弱了。相反，当一个人敢想，并乐于去想的时候，他就能看到希望，他的生命就将鲜活起来。通过本次幻游经历，大家的脑海中或多或少会浮现出一些将来的生活场景，这对大家明晰自己的未来有很大的帮助。在此基础上，制定自己的人生目标就更容易了。有很多学生，如果让他们直接谈自己的梦想是什么，他们往往会很迷茫，尤其是那些感到自卑的人。但是通过幻游，他们会看到自己最鲜活的时刻，也能明确自己的梦想。

项目回顾

1. 大学生进行职业生涯规划的意义是什么？
2. 职业生涯发展阶段有哪些基本理论？其主要内容是什么？

项目二

自我认知

项目导入

如何对待别人的眼光

一位青年向禅师求教："大师，我有一件事不明白，它使我整夜睡不好觉，也使我很迷惘，希望您能给我指出一条光明的道路。"青年很虔诚地说。

禅师没有说话，青年继续说道："有人称赞我是天才，将来必有一番作为；也有人骂我是笨蛋，一辈子不会有多少出息。依您看呢？"

"你是如何看待自己的？"禅师反问。

青年摇摇头，一脸茫然。

禅师说道："譬如用不同的眼光去看一斤米，它的价值也就迥然不同。在炊妇眼中，她能用这些米做成两三碗米饭；在农民看来，它最多值一元钱；在卖粽子的人眼中，它被包扎成粽子后，可卖三元钱；在制作饼干的人看来，它能被加工成饼干，卖五元钱；在味精厂家眼中，它可提炼出味精，卖八元钱；在制酒商看来，它能造酒，卖四十元钱。不过，米还是那一斤米。"禅师顿了顿，接着说："同样，有人将你抬得很高，有人把你贬得很低，其实，你就是你。你究竟有多大出息，取决于你怎样看待自己。"

青年听了禅师的一席话，豁然开朗。

思考：从这个小故事中，你感悟到了什么？

启示

其实，人这一生中最大的认知陷阱就是自己。我们不是陷在别人的偏见里，就是落在自己的执着里。如同被布蒙上眼睛的驴，误以为走了很远的路，其实是绕着磨盘在打转。一旦将布拆下，就会发现真相。作家刘润曾说："认知突围，是一个人立于不败之地的根本，也是人生逆袭的最佳途径。"不因陷入一时的低谷而妄自菲薄，就有机会突破认知壁垒，作出更明智的决定，发挥更大的潜能。

项目目标

1. 认识气质类型及其与职业的关系。
2. 能够根据自己的性格分析适合自己的职业领域。
3. 掌握职业兴趣、职业能力、职业价值观自我探索的方法。
4. 了解霍兰德职业兴趣理论。

任务一
认识气质类型

一、气质与职业发展

气质是一个人稳定的心理活动的动力特征。它是人的个性特征中的一项重要因素,不仅影响着一个人性格的表现形式,而且在某些性格品质及能力的形成和发展中会起到一定的促进或延缓作用。

所谓气质的动力特征,并不是指个性的内部动力因素,它不决定个体是否活动,也不决定个体活动的具体方向,它只是作为显露在外的动力特征,表现于人的心理活动和行为之中。例如,有的人热情好动,反应迅速有力;有的人安静稳重,反应缓慢;有的人急躁;有的人孤僻……这些都反映了人们心理活动和行为举止上不同的外在动力特征,人们在此基础上形成了不同的气质。

气质的心理结构十分复杂,它由许多心理活动的特征交叉组成,反映了人在心理活动及行为上的各种动力特征。这些心理指标主要包括六个方面。

(1)感受性。它是指人对外界刺激的感觉能力。人的感受性与感觉阈限成反比。表现在气质上,动力特征的个体差异是十分明显的,有的人感觉能力强,其感觉阈限就小;而有的人感觉能力弱,其感觉阈限就大。这是神经系统强度特性的表现。

(2)耐受性。它是指人在接受外界刺激作用时表现在时间和强度上的经受外界刺激的能力。耐受性也是神经系统强度特性的反映,主要表现在长时间从事某项活动时注意力的集中度、对强烈刺激的耐受性、对长时间思维活动保持高效率的坚持性等方面。

(3)敏捷性。它是指心理反应和心理过程进行的速度,如记忆的快慢、思维的敏捷与否、注意力转移的灵活与否等;它也指某些不随意的反应,如不随意注意的指向性、不随意运动反应的指向性。反应的敏捷性是神经系统灵活性的表现。

(4)可塑性。它是指人随外界事物变化而改变、调节自己以适应外界环境的难易程度。如果不能随环境变化调节自己的行为来使自己适应环境,则必然会因适应性差而导致心理发生偏差。一般来说,神经过程的灵活性与行为的可塑性关系十分密切。

(5)兴奋性。它是指以不同的速度对微弱刺激产生情绪反应的特性,不仅是指情绪兴奋性的强度，而且指情绪抑制能力的强弱，即兴奋和抑制的平衡程度。情绪的兴奋性既和神经过程的强度特性有关，也和神经过程的平衡性有关。

（6）外向性和内向性。它们是指心理活动、言语和动作反应表现于外部或内部的特征，表现于内部的称为内向性，表现于外部的称为外向性。外向性和内向性与神经过程的强度有关。外向性是兴奋过程强的表现，内向性是抑制过程强的表现。

气质的这些心理指标的不同组合便构成各种不同气质类型。两千多年前，古希腊学者希波克拉底将人的气质类型分成四种：多血质、胆汁质、粘液质和抑郁质。希波克拉底指出，人体里有四种液体：出自心脏的血液、出自肝脏的黄胆汁、出自脑部的粘液和出自胃部的黑胆汁，这四种液体在不同人的身体中所占比例的不同，就造成了不同的思维和行为方式，因而也就有四种类型的人。四种体液中血液占优势的就是多血质，黄胆汁占优势的就是胆汁质，粘液占优势的就是粘液质，黑胆汁占优势的就是抑郁质。这就是西方古代医学中的体液学说。现代医学和心理学家在此基础上经过科学的实验观察和应用测试，形成了现代气质学说，把人的气质分为多血质、胆汁质、粘液质和抑郁质四类。

多血质的人活泼好动，敏捷，善于交际，兴趣广泛，注意力容易转移，缺乏忍耐力，善于适应环境变化。多血质的人在职场交往中，应着重发扬热情活泼、机智灵活等优良品质，防止产生自由散漫等不良品质。

胆汁质的人脾气暴躁，性情耿直，精力旺盛，行动果断，感情容易冲动，不易安静。胆汁质的人在职场交往中，应着重发扬开朗、豪放、果断、勇敢、进取等优良品质，防止产生任性、粗暴、高傲等不良品质。

粘液质的人情绪稳定，忍耐力强，反应缓慢，注意力稳定但难转移，能平静地适应环境，不暴露内心体验。粘液质的人在职场交往中，应着重发扬坚定、踏实、诚恳等优良品质，防止产生谨小慎微、因循守旧等不良品质。

抑郁质的人性情孤僻，反应缓慢，心细，胆小，内心体验深刻而不表现于外，敏感，能觉察到别人觉察不到的事件。抑郁质的人在职场交往中，应着重发扬心细、机警、稳重等优良品质，防止产生孤僻、自卑、抑郁等不良品质。

二、寻求与气质匹配的职业

不同气质类型的人对同一事情的反应和处理方式不同，因而会对其所从事工作的性质和效率产生一定的影响。气质会影响人活动的特点、方式和效率，职业活动的顺利进行，要求从事者必须具有某些气质特征，发挥其优点，避免其缺点。因此，气质和职业之间存在着一定的匹配关系，各种气质类型有其较为适应的职业范围。

多血质的人，比较适合做社交性、文艺性、多样化、要求反应敏捷且均衡的职业，而不大适应做需要精心钻研的职业，他们可从事的职业范围很广泛，如外交人员、管理人员、驾驶员、医务人员、律师、运动员、公关营销人员、新闻记者、教师、冒险家、服务员、侦查员、干警、演员等。他们不太适合从事流水线工作人员、出版业和报业的编辑与校对人员、IT 制造业工程师、计算机硬件维护及电子软件工程师等职业。

胆汁质的人,比较适合做要求反应迅速、动作有力,应急性强,危险性较大,难度较高而费力的职业。他们可以成为出色的导游、公务员、勘探工作者、推销员、节目主持人、演讲者、外事接待人员等。但不适宜从事稳重、细致的职业,如外科医生、财务会计员、计算机程序员、出版和媒体采编人员等职业。

粘液质的人,较适合从事有条不紊、稳定平静、要求耐受性较高的职业,而不太适宜从事激烈多变的职业。他们可从事的职业有外科医生、法官、IT 产业人员、编辑、行政人员、出纳员、播音员、财务会计员、调解员、咨询员等,不太适合从事外事人员、公关人员、营销员、媒体策划等职业。

抑郁质的人,能够兢兢业业地工作,适合从事持久细致的职业,如技术人员、排版员、检录师、化验员、研究员、艺术工作者、护士、心理咨询师、幼儿教师、软件开发人员、机要秘书、保管员等。但他们不适合从事要求反应灵敏、处理果断的职业,如演讲者、主持人、推销员、运动员、军事指挥员、探险者等职业。

相关链接

根据国外职业分类规范和国内心理学界的研究成果,职业气质可以分为以下十二种类型:

1. 变化型:这些人在新的、意外的活动或工作环境中感到愉快,喜欢工作内容经常有些变化。在有压力的情况下,他们的工作往往很出色。他们追求多样化的活动,善于将注意力从一件事情转移到另一件事情上。典型的职业有记者、推销员、采购员、演员、消防员等。

2. 重复型:这些人适合连续不断地从事同样的工作,喜欢按照一个机械的、别人安排好的计划和进度办事,爱好重复的、有计划的、有标准的工作。典型的职业有纺织工、印刷工、装配工、电影放映员、机械工、中小学教师等。

3. 服从型:这些人喜欢按别人的指示办事,不愿意自己独立作出决策,而喜欢让他人对自己的工作负起责任。典型的职业有秘书、办公室职员、翻译人员等。

4. 独立型:这些人喜欢计划自己的活动和指导别人的活动,在独立的和负有职责的工作环境中感到愉快,喜欢对将要发生的事情做出预测。典型的职业有管理人员、律师、警察、侦查人员等。

5. 协作型:这些人在与人协作工作时感到愉快,善于让别人按自己的意愿办事,也能按别人的意愿办事,很想得到同事们的喜欢。典型的职业有社会工作者、咨询人员等。

6. 孤独型：这些人喜欢单独工作，不愿与人交往。典型的职业有校对、排版、雕刻等。

7. 劝服型：这些人喜欢设法使别人同意自己的观点，一般通过谈话、写作来表达思想，对别人的反应有较强的判断力，且善于影响他人的态度、观点和判断。典型的职业有政治辅导员、行政人员、作家、宣传工作者等。

8. 机智型：这些人在紧张和危险的情况下能很好地执行任务，在危险情况下能进行自我控制，镇定自如，在意外的情况下工作得很出色，当事情出现了差错也不易惊慌。典型的职业有驾驶员、飞行员、消防员、救生员、潜水员等。

9. 经验决策型：这些人喜欢根据自己的经验作出判断，当别人犹豫不决时，他们能当机立断，作出决定。他们喜欢处理那些能直接经历或感觉到的事情，在必要时，用直接经验和直觉来解决问题。典型的职业有采购、供应、批发、推销、个体摊贩等。

10. 事实决策型：这些人喜欢根据事实作出决定，根据充分的证据来下结论，喜欢使用调查、测验、统计数据来说明问题、引出结论。典型的职业有化验员、检验员、自然科学研究者等。

11. 自我表现型：这些人喜欢表现自己的爱好和个性，喜欢根据自己的感情来作出抉择，通过自己的工作来表达自己的理想。典型的职业有演员、诗人、音乐家和画家等。

12. 严谨型：这些人注意细节的精确，按一套规则和步骤尽可能将工作做得完美。典型的职业有会计、出纳、统计和档案管理等。

（资料来源：百度百科，https://baike.baidu.com/item/%E8%81%8C%E4%B8%9A%E6%B0%94%E8%B4%A8）

任务二

了解性格及适合的职业领域

职业性格，是指人们在长期特定的职业生活中所形成的与职业相联系的、稳定的心理特征。职业心理学的研究表明，不同的职业有不同的性格要求。虽然每个人的性格都不能百分之百地适合某项职业，但人们却可以根据自己的职业倾向来培养、发展相应的职业性格。不同的性格特征，对企业、事业单位而言，决定了每个员工的工作岗位和工作业绩；对个人而言，决定着自己的事业能否成功。

一、运用 MBTI 进行职业性格探索

迈尔斯－布里格斯人格类型测验（Myers–Briggs Type Indicator，MBTI），是一种迫选型、自我报告式的性格评估测试，用以衡量和描述人们在获取信息、作出决策、对待生活等方面的心理活动规律和性格类型，由美国的心理学家凯瑟琳·布里格斯（Katharine Cook Briggs）和她的女儿伊莎贝尔·迈尔斯（Isabel Briggs Myers）根据瑞士著名的心理分析学家荣格(Carl Custav Jung)的心理类型理论和她们对于人类性格差异的长期观察和研究发展而成。这套测试为人们提高自我认识、了解人际差异提供了一种有效的方法。

布里格斯等人认为，大部分人在 20 岁以后会形成稳定的 MBTI 人格，从此便很难变化。MBTI 人格会随着年龄的增长、经验的丰富逐步发展、完善。根据 MBTI 理论，MBTI 中任何类型的人均有相应的优点和缺点，有适合自己的工作环境和适合自己工作岗位的特质。

MBTI 共包括四个维度，每个维度均由对立的两极构成：外向—内向，感觉—直觉，思维—情感，判断—知觉，见表 2–1。

表 2–1　MBTI 人格类型指标

维度	类型	英文及缩写	类型	英文及缩写
注意力方向（精力来源）	外向	E（Extrovert）	内向	I（Introvert）
认知方式（如何搜集信息）	感觉	S（Sensing）	直觉	N（Intuition）

（续表）

维度	类型	英文及缩写	类型	英文及缩写
判断方式（如何做决定）	思维	T（Thinking）	情感	F（Feeling）
生活方式（如何应对外部世界）	判断	J（Judgment）	知觉	P（Perceiving）

每个人的性格都在四个维度相应分界点的这边或那边，我们称之为“偏好”。如果你落在外向的那边，称为“你具有外向的偏好”；如果你落在内向的那边，称为“你具有内向的偏好”。

为了弄清自己的偏好，我们首先要做的是明白每个维度的含义，并且能判断出自己在每个维度上的偏好。

（一）内向与外向（获得能量的途径）

如果只能用一个维度将人群区分开来的话，那么，这个维度应该是内外倾向，它是区分个体的最基本的维度。我们以自身为界，可以将世界分为自身以外的世界和自我的世界两个部分，也可称为外部世界和内部世界。外向的人倾向于将注意力和精力投注在外部世界，如外在的人、外在的物、外在的环境等；而内向的人则相反，较为关注自我的内部状况，如内心情感、思想等。两种类型的个体在自己偏好的世界里会感觉自在、充满活力，而到相反的世界里则会感到不安、疲惫。因此，外向与内向的个体之间的区分是广泛而明显的，并不像我们平时讲的“外向者健谈、内向者害羞”那么简单，具体可以从几个方面进行分析，见表 2–2。

表 2–2　外向型与内向型的特征比较

外向型（E）	内向型（I）
与他人相处时精力充沛	独处时精力充沛
行动先于思考	思考先于行动
喜欢边想边说出声	在心中思考问题
易于使他人“读”和了解自己；随意地分享个人情况	更封闭，更愿意在经挑选的小群体中分享个人的情况
说的多于听的	听的比说的多
对待社交高度热情	不把兴奋说出来
反应快，喜欢快节奏	仔细考虑后，才有所反应
重于广度而不是深度（心理能量的获得途径和与外界相互作用的程度）	重于深度而不是广度（心理能量的获得途径和与外界相互作用的程度）

参照表2-2,你能确定自己的内外倾向的偏好了吗？当然,不要期望每条标准都完全符合,大部分符合基本上就可以确定了,也不要要求每时每刻都以同样类型的方式行事。人毕竟生活在社会中,有时会顺应外在环境和生活而调整自己的行为,再外倾的人,在权威人士面前或十分隆重、严肃的场合,也会是个好的倾听者;再内倾的人,走上领导岗位,该发表意见时还得发表,准备充分的话,也会滔滔不绝。关键在于,我们需扪心自问:到底以什么样的方式行事,才是自己感觉最好的、最习惯的。

(二)感觉与直觉(获取信息的方式)

我们每个人都在不断接受着信息,这是我们跟上外界节拍的必要前提。但不同类型的个体接受信息的方式不同,这便有了感觉型与直觉型之别。

首先,面对同样的情景,二者的注意中心不同,依赖的信息通道也不同。感觉型的人关注的是事实本身,注重细节;而直觉型的人注重的是基于事实的含义、关系和结论。感觉型的人信赖五官听到、看到、闻到、感觉到、尝到的实实在在的、有形有据的事实和信息;而直觉型的人注重"第六感觉",注重"弦外之音",直觉型的人的许多结论在感觉型的人眼里,也许是飘忽的、不实在的。注重细节使感觉型的人擅长记忆大量事实与材料,他们有时候像本"词典",能清晰地讲出大量的数据、人名、概念乃至定义,常使其他人感到吃惊。而直觉型的人更擅长解释事实,捕捉零星的信息,分析事情的发展趋向。

其次,感觉型的人对待任务,习惯于按照规则、手册办事,比如照着手册使用家电,看着地图辨认交通路线;而直觉型的人喜欢尝试,跟着感觉走,他不习惯于仔细地看完一大本说明书再动手,结果可能比感觉型的人更快地完成了任务,也可能因为失败而须重新开始。感觉型的人习惯于固守现实,享受现实,使用已有的技能;直觉型的人更习惯于变化、突破现实。

简言之,感觉型注意"是什么",实际而仔细;直觉型则更关心"可能是什么"。二者的具体区别见表2-3。

表2-3　感觉型与直觉型的特征比较

感觉型(S)	直觉型(N)
相信确定和有形的东西	相信灵感或推理
对概念和理论兴趣不大,除非它们有着实际的效用	对概念和理论感兴趣
重视现实性和常情	重视可能性和独创性
喜欢使用和琢磨已知的技能	喜欢学习新技能,但掌握之后很容易就厌倦了
留意具体的、特定的事物;进行细节描述	留意事物的整体概况、普遍规律及象征含义;用概括、隐喻等方式进行表述
循序渐进地讲述有关情况	跳跃性地展现事实

（续表）

感觉型（S）	直觉型（N）
着眼于现实	着眼于未来，留意事物的变化趋势，习惯于从长远角度看待事物
重于深度而不是广度（接受信息上）	重于广度而不是深度（接受信息上）

在我们的周围，两种类型的人都会存在，当然极端典型的比较少，大多数人兼有两种特质，但其中一种会更突出一些，成为个人的特色，也由此可以确定其类型。使用哪种方式接受信息都有利有弊。作为个体，往往只擅长一种，了解到这点，直觉型的人就不必在百科全书式的人物面前自叹弗如，感觉型的人也无须在灵动、敏感的直觉型的人面前不好意思了。当然，我们在享受自我性格类型所带来的优势的同时，也不妨有意识地弥补弱点，比如，直觉型的人可多关注一些细节，而感觉型的人可多留神事物蕴含的潜在信息。

（三）思维与情感（判断决策的方式）

仅看这个维度的名称，也许你会觉得，思维型的人是理性的，而情感性的人是非理性的，事实上并非如此。两类人都有理性思考的成分，但做决定或下结论的主要依据不一样。情感型的人常从自我的价值观念出发，变通地贯彻规章制度，作出一些自己认定是对的决策，比较关注决策可能给他人带来的情绪体验，人情味较浓。思维型的人则比较注重依据客观事实分析，一以贯之、一视同仁地贯彻规章制度，不太习惯根据人情因素变通，哪怕作出的决定并不令人舒服。二者的具体区别见表 2-4。

表 2-4　思维型与情感型的特征区别

思维型（T）	情感型（F）
退一步思考，对问题进行客观的、非个人立场的分析	超前思考，考虑行为对他人的影响
重视符合逻辑、公正、公平的价值；一视同仁	重视同情与和睦；重视准则的例外性
被认为冷酷、麻木、漠不关心	被认为情感过多、缺少逻辑性、软弱
认为坦率比圆通更重要	认为圆通比坦率更重要
只有当情感符合逻辑时，才认为它可取	无论是否有意义，认为任何情感都可取
被“获取成就”所激励	被“获得欣赏”所激励
很自然地看到缺点，倾向于批评	惯于迎合他人，着重维护人脉资源

不同性别的个体在这个维度上的偏好有差异。据研究，大约 2/3 的女性偏好情感型，2/3 的男性偏好思维型，这是由什么原因造成的？也许社会本身就给予了不同性别的人不同的期待，期待女性充满同情心，期待男性冷静、客观。其实，这两种类型无所谓好或坏，重要的是理解和自己不同类型的人的做法，并且尽量避免走入极端，极端的思

维倾向可能会给人“冷酷”的感觉,而极端的情感倾向则会给人“无原则”的感觉。

(四)判断与知觉(采取行动的方式)

这一维度是从偏好的生活方式来看的。如果我们看看人们的办公桌上、包内或柜子里摆放的物品,可以发现,有些人的物品经常是井然有序的,而有些人就不那么习惯于保持整齐;前者是判断型的人具有的特征,后者是知觉型的人经常有的状态。不仅如此,在处事方式上,判断型的人目的性较强,一板一眼,他们喜欢有计划、有条理的世界,更愿意以比较有序的方式生活。知觉型的人好奇心、适应力强,他们会不断关注新的信息,喜欢变化,也会考虑许多可能的变化因素,更愿意以比较灵活、随意、开放的方式生活。在作出决策时,判断型的人较为果断,而知觉型的人总希望获得更多信息后再决断,如逛了两天商场,还决定不了买什么的人,多半是知觉型的。二者的具体区别见表 2-5。

表 2-5 判断型与知觉型的特征区别

判断型(J)	知觉型(P)
做了决定后最为高兴	当各种选择都存在时,感到高兴
“工作原则”:工作第一,其次是玩(如果有时间的话)	“玩的原则”:现在享受,然后再完成工作(如果有时间的话)
建立目标,准时地完成	随着新信息的获取,不断改变目标
愿意知道将面对的情况	喜欢适应新情况
着重结果(重点在于完成任务)	着重过程(重点在于如何完成工作)
满足感来自完成计划	满足感来自计划的开始
把时间看作有限的资源,认真地对待最后期限	认为时间是可更新的资源,而且最后期限也是可收缩的

大多数人兼具两种倾向,只是更偏向某一端。我们在日常生活、工作中,也会受其他因素影响,改变一贯的方式,如面临紧急的或期限明确的任务,知觉型的人也会果断起来;兴之所至时,他们也会把物品收拾得整整齐齐,但这些并不是他们常有的行为方式,也不是他们内心感到真正自然、舒服的方式。作为个体,一方面要根据内心的感受识别自我的偏好,发挥优势;另一方面,则要约束一下性格的弱点。完全的判断型,比较容易走入刻板、教条的境地,完全的知觉型则容易使事情的进行没有限制。

二、MBTI 类型及性格特征

通过对照四个维度的描述,你或许已经识别出自己在每个维度上的偏好。取每个维度上偏好类型的代表字母,即可以由四个字母构成你的性格类型,如 ISFJ,即内倾感觉情感判断型;ENFP,即外倾直觉情感知觉型。四个维度、八个端点可组合成 16 种性格类型,见表 2-6,你必然属于其中的一种。

表 2-6 MBTI 类型

类型名称	英文字母简称	类型名称	英文字母简称
内倾感觉思维判断	ISTJ	内倾感觉情感判断	ISFJ
内倾直觉情感判断	INFJ	内倾直觉思维判断	INTJ
内倾感觉思维知觉	ISTP	内倾感觉情感知觉	ISFP
内倾直觉情感知觉	INFP	内倾直觉思维知觉	INTP
外倾感觉思维判断	ESTJ	外倾感觉情感判断	ESFJ
外倾直觉情感判断	ENFJ	外倾直觉思维判断	ENTJ
外倾感觉思维知觉	ESTP	外倾感觉情感知觉	ESFP
外倾直觉情感知觉	ENFP	外倾直觉思维知觉	ENTP

每种类型对应的性格特征见表 2-7。

表 2-7 MBTI 各类型人格特征

类型	人 格 特 征
ISTJ (物流师型人格)	安静、严肃,通过全面性和可靠性获得成功。讲求实际,有责任感。决定有逻辑性,并一步步地朝着目标前进,不易分心。喜欢将工作、家庭和生活都安排得井井有条。重视传统和忠诚
ISFJ (守卫者型人格)	安静、友好、有责任感和良知。坚定地致力于完成他们的义务。全面、勤勉、精确,忠诚、体贴,留心和记得他们重视的人的小细节,关心他人的感受。努力把工作和家庭环境营造得有序而温馨
INFJ (提倡者型人格)	寻求思想、关系、物质等之间的意义和联系。希望了解什么能够激励人,对人有很强的洞察力。有责任心,坚持自己的价值观。对于怎样更好地服务大众有清晰的远景计划。在实现目标的过程中有计划且果断坚定
INTJ (建筑师型人格)	在实现自己的想法和达成自己的目标时有创新的想法和非凡的动力。能很快洞察到外界事物间的规律并形成长期的远景计划。一旦决定做一件事就会开始规划,直到完成为止。多疑、独立,对于自己和他人能力及表现的要求都非常高
ISTP (鉴赏家型人格)	灵活、忍耐力强,是个安静的观察者。如有问题发生,就会马上行动,找到实用的解决方法。分析事物运作的原理,能从大量的信息中很快地找到问题的症结所在。对于原因和结果感兴趣,用逻辑的方式处理问题,重视效率
ISFP (探险家型人格)	安静、友好、敏感、和善。享受当下。喜欢有自己的空间,喜欢按照自己的时间表工作。对于自己的价值观和自己觉得重要的人非常忠诚,有责任心。不喜欢争论和冲突。不会将自己的观念和价值观强加到别人身上
INFP (调停者型人格)	理想主义,对于自己的价值观和自己觉得重要的人非常忠诚。希望外部的生活和自己内心的价值观是统一的。好奇心重,很快能看到事情的可能性,能成为实现想法的催化剂。善于理解别人和帮助他们发掘潜能。适应力强,灵活,善于接受事物,除非是有悖于自己价值观的

（续表）

类型	人格特征
INTP （逻辑学家型人格）	对于自己感兴趣的任何事物都寻求找到合理的解释。喜欢理论性的和抽象的事物，热衷于思考而非社交活动。安静、内向、灵活、适应力强。对于自己感兴趣的领域有超凡的集中精力和深度解决问题的能力。多疑，有时会有点挑剔，喜欢分析
ESTP （企业家型人格）	灵活、忍耐力强，讲求实际，注重结果。觉得理论和抽象的解释非常无趣。喜欢积极地采取行动解决问题。注重当前，自然不做作，享受和他人在一起的时刻。喜欢物质享受和时尚。认为学习新事物最有效的方式是亲身感受和练习
ESFP （表演者型人格）	外向、友好、接受力强。热爱生活和物质上的享受。喜欢和别人一起将事情做成功。在工作中讲究常识和实用性，并使工作显得有趣。灵活、自然不做作，对于任何新的事物都能很快地适应。认为学习新事物最有效的方式是和他人一起尝试
ENFP （竞选者型人格）	热情洋溢富有想象力。认为人生有很多的可能性。能很快地将事情和信息联系起来，然后很自信地根据自己的判断解决问题。总是需要得到别人的认可，也总是准备着给予他人认可和帮助。灵活、自然不做作，有很强的即兴发挥能力，言语流畅。
ENTP （辩论家型人格）	反应快、睿智，有激励别人的能力，警觉性强，直言不讳。在解决新的、具有挑战性的问题时机智而有策略。善于找出理论上的可能性，然后再用战略的眼光分析。善于理解别人。不喜欢例行公事，很少会用相同的方法做相同的事情，倾向于一个接一个地发展新的爱好
ESTJ （总经理型人格）	实际、现实主义。果断，一旦下决心就会马上行动。善于将项目和人组织起来将事情完成，并尽可能用最有效率的方法得到结果。注重日常的细节。有一套非常清晰的逻辑标准，系统性地遵循该标准，并希望他人也同样遵循。在实施计划时强而有力
ESFJ （执政官型人格）	热心肠、有责任心、善于合作。希望周边的环境温馨而和谐，并为此果断地执行。喜欢和他人一起精确并及时地完成任务，会事无巨细地完成任务。对自己的价值观和自己觉得重要的人保持忠诚。能体察到他人在日常生活中的需求并竭尽全力帮助。希望自己和自己的所为能受到他人的认可和赏识
ENFJ （主人公型人格）	热情、为他人着想、易感应、有责任心。非常注重他人的感情、需求和动机。善于发现他人的潜能，并希望能帮助他们实现目标。能成为个人或群体成长和进步的催化剂。忠诚，对于赞扬和批评都会积极地回应。友善、好社交。在团体中能很好地帮助他人，并有鼓舞他人的领导能力
ENTJ （指挥官型人格）	坦诚、果断，有天生的领导能力。能很快看到公司/组织程序和政策中的不合理性和低效能性，发展并实施有效和全面的系统来解决问题。善于做长期的计划和设定目标。通常见多识广，博览群书，喜欢拓宽自己的知识面并将此分享给他人。在陈述自己的想法时非常强而有力

不过要注意的是，大学生的性格还在不断形成与发展中，在探索自我性格时，不能简单地贴标签。性格类型的划分只是一个参考，不能将其绝对化。

拓展阅读

性格与职业匹配让你如虎添翼

每个人都是独一无二的：有的人做事雷厉风行，有的人做事慢条斯理，有的人机智灵活，有的人爱钻牛角尖，有的人内心坚韧，有的人内心脆弱……这些差异就是“性格”。华南师范大学心理学院教授王才康说，性格没有“好”与“差”之分，但不同的性格特点对于不同的职业确实存在“匹配”与“不匹配”的问题，比如一个性格急躁的人很难做好服务业，而一个内向的人也很难做好销售工作。因此，明确自己的性格特点，并选择适合自己的职业，这是人生重要的一步。

一个人的个性会影响其与职业的匹配度。当他从事的职业与其个性相吻合时，容易发挥其能力，做出成就。反之，可能导致其原有才能的浪费，或者必须付出更大的努力才能成功。

性格与工作不匹配，会感到工作压抑

我们说“性格决定命运”，性格也影响着我们的职业（比如工作方式）、生活习惯（比如起居饮食）以及行为方式（比如人际交往）等方方面面，其实这也在无形中要求我们的性格应与我们的职业相匹配，比如从事财务工作的人需要细致谨慎，从事销售工作的人需要热情主动……不同类型的人在从事适宜的工作时会更加得心应手，否则就会格格不入，做得很不舒心。

小陈是一个文静、内向的女孩，刚毕业的时候，考虑到户口、城市发展的因素，她进入一家企业的办公室做企划工作。半年下来，她发现自己不太愿意与人打交道，讨厌那些没完没了的沟通会，更不喜欢一群人闹哄哄地做事，工作做得十分压抑，内心苦不堪言。后来她痛定思痛，下决心辞职，去了一家杂志社做编辑，她才真正体会到了工作的快乐，因为编辑这份工作不需要过多的上传下达，操作相对独立，她驾驭着自己喜欢的文字，内心丰富细腻的情感终于有了出路。她不仅能把自己独特的构思、想法，通过文章表现得淋漓尽致，版面也做得相当精致，因此她很快就成为杂志社的金牌编辑。

如果用一个比喻形容性格与职业，那就是“性格如脚，工作如鞋”。合脚的鞋子能使你健步如飞，不合脚的鞋子再漂亮也会夹脚，甚至会磨破你的脚。所以，当你的性格与工作很不匹配时，你会感到工作无趣和压抑，与出色的工作表现永远擦肩而过。

“顺应”或“挑战”，选择时应慎重

当发现职业不适合自己，即职业角色的要求和你的性格特点不相匹配时，你该怎么办？王才康说，两个方法值得借鉴：顺应或者优化。“顺应本性”的做法是，如果你了解和认清自己的性格特点，发现自己和职业角色的要求很不匹配时，可以换一份工作，找一个适合自己个性特点的职业，发挥和强化性格中的优势，弱化和规避性格中的劣势。

而“优化性格”的做法就完全不同了，你需要改变自己已经定型的性格，逐渐改善性格与职业角色要求之间不协调的部分。这个过程会很漫长，甚至经历较强烈的心理斗争，需要经历一番磨炼。例如，一个性格内向的人，需要在一个公开场合发表演说，这会让他感到紧张或将工作搞砸。如果他想要完成这项任务，可能要花1~2周提前做好心理准备，克服面对大众时的害羞、胆怯和不善言辞等心理弱点。

王才康说，虽说“江山易改，本性难移”，但性格也会在人的成长过程中，通过各种事情的磨炼而改变一部分。比如有些粗枝大叶的人，干了几年会计工作后会变得细心、谨慎。有些人一向压抑封闭，但是突然有些事激发了他的兴趣，同时受到了鼓舞，找到了自信，性格从此变得开朗活泼起来。

那么，面对性格与工作不匹配的情况时，是选择顺应还是挑战自我，这需要你作出谨慎的选择。请记住两句话：如果找对职业，每一种性格都有可能发挥最大的优势。如果想挑战自己的性格弱点，就应该磨炼自己，去塑造和优化性格，这将使自己在更大程度上获得心理上的成就感。

（资料来源：《羊城晚报》，2012年11月6日）

任务三

树立正确职业价值观

每种职业都有各自的特性，不同人对职业意义的认识，对职业的好坏有不同的评价和取向，这就是职业价值观。职业价值观决定了人们的职业期望，影响着人们对职业方向和职业目标的选择，决定着人们就业后的工作态度和劳动绩效水平，从而决定了人们的职业发展情况。哪个职业好？哪个岗位适合自己？从事某一项具体工作的目的是什么？这些问题都是职业价值观的具体表现。

一、职业价值观

（一）职业价值观的概念

职业价值观是指人们人生目标和人生态度在职业选择方面的具体表现，也就是一个人对职业的认识和态度以及他对职业目标的追求和向往。理想、信念、世界观对职业的影响，集中体现在职业价值观上。

（二）职业价值观的结构

美国心理学家米尔顿·罗克奇（Milton Rokeach）在其所著《人类价值观的本质》一书中，提出 13 种价值观：成就感、审美追求、挑战、健康、收入与财富、独立性、爱、家庭与人际关系、道德感、欢乐、权利、安全感、自我成长和社会交往。目前我国更多使用我国学者阚雅玲提出的 12 种职业价值观。

（1）收入与财富。职业能够明显有效地改变自己的财务状况，因此不少人将薪酬作为选择职业的重要依据。工作的目的或动力主要是对收入和财富的追求，以此改善生活质量，显示自己的身份和地位。

（2）兴趣特长。以自己的兴趣和特长作为选择职业最重要的因素，能够扬长避短、趋利避害、择我所爱、爱我所选，可以从工作中得到乐趣、得到成就感。

（3）权力地位。有较强的权力欲望，希望能够影响或控制他人，使他人照着自己的想法去行动；认为有较高的权力地位会受到他人尊重，从中可以得到较强的成就感和满足感。

（4）自由独立。工作有弹性，不想受太多的约束，可以充分掌握自己的时间和行动，自由度高，不想与太多人发生工作关系，既不想治人也不想治于人。

（5）自我成长。工作能够给予受培训和锻炼的机会，使自己的经验与阅历能够在一定的时间内得以丰富。

（6）自我实现。工作能够提供平台和机会，使自己的专业和能力得以全面运用和施展，从而实现自身价值。

（7）人际关系。将工作单位的人际关系看得非常重要，渴望能够在一个和谐、友好甚至被关爱的环境中工作。

（8）身心健康。工作能够免于危险、过度劳累，免于焦虑、紧张和恐惧，使自己的身心健康不受影响。

（9）环境舒适。工作环境舒适宜人。

（10）工作稳定。工作相对稳定，不必担心经常出现裁员和辞退现象，免于经常奔波找工作。

（11）社会需要。能够根据组织和社会的需要响应某一号召，为集体和社会作出贡献。

（12）追求新意。希望工作的内容经常变换，使工作和生活显得丰富多彩，不单调枯燥。

（三）职业价值观的类型

职业专家通过大量的调查，从人们的理想、信念和世界观角度把职业价值观分为九大类。

1. 自由型

特点：不受别人指使，凭自己的能力拥有自己的小“城堡”，不愿受人干涉，想充分施展本领。

相应职业类型：室内装饰专家、图书管理专家、摄影师、音乐教师、作家、演员、记者、诗人、作曲家、编剧、雕刻家、漫画家等。

2. 经济型

特点：以获得丰厚的报酬为目标，希望有足够的财力去获得自己想要的东西，使生活过得更富足。

相应职业类型：各种职业中都有这种类型的人，商人中更多。

3. 支配型

特点：想当组织的领导，通过领导他人获得心理满足。

相应职业类型：进货员、商品批发员、旅馆经理、饭店经理、广告宣传员、调度员、律师、政治家、零售商等。

4. 小康型

特点：很渴望能有社会地位和名誉，希望受到众人尊敬。

相应职业类型：记账员、会计、银行出纳、法庭速记员、成本估算员、税务员、核算员、打字员、办公室职员、统计员、计算机操作员等。

5. 自我实现型

特点：一心一意想发挥个性，追求真理。不考虑收入、地位及他人对自己的看法，尽力挖掘自己的潜力，施展自己的本领，并视此为有意义的生活。

相应职业类型：气象学家、生物学家、天文学家、药剂师、动 / 植物学家、化学家、科学报刊编辑、地质学家、物理学家、数学家、实验员、科研人员等。

6. 志愿型

特点：富有同情心，把他人的痛苦视为自己的痛苦，把默默地帮助不幸的人视为快乐。

相应职业类型：社会学家、导游、福利机构工作者、咨询人员、社会工作者、社会科学教师、护士等。

7. 技术型

特点：性格沉稳，做事严密，井井有条，并且对未来抱有平常心态。

相应职业类型：木匠、农民、工程师、飞机机械师、野生动物专家、自动化技师、机械工、电工、火车司机、公共汽车司机、机械制图员等。

8. 合作型

特点：擅长处理人际关系，认为朋友是最大的财富。

相应职业类型：公关人员、推销人员、秘书等。

9. 享受型

特点：喜欢安逸的生活，不愿从事任何有挑战性的工作。

相应职业类型：无固定职业类型。

二、职业价值观对职业选择的影响

职业价值观对职业选择的影响可以通过职业锚理论来分析和解释。该理论由在职业生涯规划领域具有“教父”级地位的美国麻省理工大学斯隆商学院著名职业指导专家埃德加·H. 施恩（Edgar. H. Schein）教授及其领导的专门研究小组提出。职业锚，又称职业系留点。锚，是船只停泊时定位用的铁制器具。职业锚，是指当一个人不得不做出职业选择时，他无论如何都不会放弃的至关重要的东西或价值观，实际上就是人们选择和发展自己的职业时所围绕的中心。

职业锚可分为八种类型，具体见表 2-8。

表 2–8 施恩的八种职业锚类型

类型	人 格 特 征
职能型	职能型的人追求在技术 / 职能领域的成长和技能的不断提高，以及应用这种技术 / 职能的机会。他们对自己的认可来自他们的专业水平，他们喜欢面对来自专业领域的挑战。他们一般不喜欢从事一般的管理工作，因为这将意味着他们将放弃在技术 / 职能领域的成就
管理型	管理型的人追求并致力于工作晋升，倾心于全面管理，独自负责一个部分，可以跨部门整合其他人的努力成果。他们想去承担整个部分的责任，并将公司的成功与否看成自己的工作。具体的技术 / 功能工作仅仅被看作通向更高、更全面管理层的必经之路
独立型	独立型的人希望随心所欲安排自己的工作方式、工作习惯和生活方式。追求能施展个人能力的工作环境，最大限度地摆脱组织的限制和制约。他们宁愿放弃提升或工作扩展的机会，也不愿意放弃自由与独立
稳定型	稳定型的人追求工作中的安全与稳定感。他们因可以预测将来的成功而感到放松。他们关心财务安全，如退休金和退休计划。稳定感包括诚信、忠诚，以及完成老板交代的工作。尽管有时他们可以达到一个较高的职位，但他们并不关心具体的职位和工作内容
创业型	创业型的人希望使用自己的能力去创建属于自己的公司或完全属于自己的产品（或服务），而且愿意去冒风险，并克服面临的障碍。他们想向世界证明公司是他们靠自己的努力创建的。他们可能正在别人的公司工作，但同时他们在学习并评估将来的机会。他们一旦感觉时机到了，便会走出去创建自己的事业
服务型	服务型的人一直追求他们认可的核心价值，如帮助他人，维护人们的安全，通过研发新的产品消除疾病。他们一直追寻这种机会，这意味着即使变换公司，他们也不会接受不允许他们实现这种价值的工作变换或晋升
挑战型	挑战型的人喜欢解决看上去无法解决的问题，战胜强劲的对手，克服无法克服的困难和障碍等。对他们而言，参加工作的原因是工作允许他们去战胜各种不可能。追求新奇、变化和战胜困难是他们的终极目标。如果事情非常容易，他们将马上厌烦
生活型	生活型的人喜欢允许他们平衡并结合个人的需要、家庭的需要和职业的需要的工作环境。他们希望将生活的各个主要方面整合为一个整体。正因为如此，他们需要一个能够提供足够的弹性让他们实现这一目标的职业环境。这甚至可以牺牲他们职业的一些方面，如晋升带来的职业转换。他们将成功定义得比职业成功更广泛。他们认为如何去生活、在哪里居住、如何处理家庭事务，及在组织中的发展道路是不同的

职业规划实际上是一个持续不断的探索过程。在这一过程中，每个人都根据自己的天资、能力、动机、需要、态度和价值观等慢慢地形成较为明晰的与职业有关的自我概念，逐渐形成一个占主导地位的职业锚。实际工作中，个人往往会重新审视自我动机、需要、价值观以及能力，逐步明确个人需要与现阶段的差距，明确自己的特长所在及其发展的重点，有针对性地增强自身的才干，并且根据个人需要、价值观以及个人特质寻找合适的工作，达到自我满足和补偿。经过这种整合（也许是多次的选择和比较），个体便能寻找到自己的职业锚。

三、个人职业价值观的探索

要明确自己喜欢做、愿意做的工作，方法有很多，可以自下而上地从生活体验中渐渐明确答案，也可以自上而下地借助科学的方法探索个人职业价值观来获得答案。职业价值观探索方法主要包括排序法、投射法和问卷法。

（一）排序法

排序法是指将罗列出的影响工作选择的因素进行重要程度的比较并排序，进而得出自己最看重的几个因素，总结出自己的职业价值观。

排序法可分为简单排序法、交替排序法和两两比较法。

（1）简单排序法又称为序列评定法，是指将罗列出的影响工作选择的因素从最重要到最不重要进行排序。该方法的优点是简单易行，缺点是若项目过多将影响结果准确性。

（2）交替排序法是从罗列出的影响因素中找出最重要和最不重要的因素并划掉，再从剩下的因素中找出最重要和最不重要的因素并划掉，以此类推，直到最终排列出各因素的顺序。

（3）两两比较法是对罗列出的影响因素进行两两比较，更重要的那个因素评分为1，另一个评分为0。比较完后，对各因素得分进行汇总，最终得出各因素重要程度排序（表2-9）。从表中可以看出，因素一、二、三、四、五的得分分别为3、4、2、1、0，因此，重要程度排序为因素二、一、三、四、五。

表2-9　两两比较法示例

因素	因素一	因素二	因素三	因素四	因素五
因素一		1	0	0	0
因素二	0		0	0	0
因素三	1	1		0	0
因素四	1	1	1		0
因素五	1	1	1	1	
合计	3	4	2	1	0

排序法简便易行，但可能有人在进行排序时对哪个因素更为重要仍不清楚。因此，可以通过下面的投射法和问卷法来解决这个问题。

（二）投射法

“投射”一词在心理学上是指个人把自己的思想、态度、愿望、情绪或特征不自觉地反映于外界的事物或他人的一种心理作用。此种内心深层的反应，实为人类行为的基本动力，而对这种基本动力的探测，有赖于投射技术的应用。在职业价值观探索上，投射法的应用有很多，其中一个应用为“人生拍卖”游戏，即罗列出一系列具有诱惑力的事件并对其进行拍卖（表 2-10），每个参与拍卖者只能有一定数额的资金。通过这一投射技术，可以让参与者更加清楚自己在职业选择中看重什么，即更明确自己的职业价值观。

表 2-10 “人生拍卖”游戏示例

项目	预估价值	成交价格
1. 做全世界最聪明的人		
2. 有一颗使人说实话的药丸		
3. 有一帮志同道合的知心朋友		
4. 有个幸福的家庭		
5. 可以环游世界、尽情享乐		
6. 有机会完全自主		
7. 有一屋子的钱		
8. 有机会成为国家领袖		
9. 被公司里的每个人喜欢		
10. 在世界上最美的地方有座别墅		
11. 每天都过得很快乐		
12. 有机会成为世界 500 强公司的总裁		
13. 成为公认的帅哥或美女		
14. 有机会健康地活 100 岁		
15. 成为某一领域的知名专家		
……		

投射法可以解决排序法中个体无法对价值因素进行排序这一问题，但投射法获得的解释比较开放，不够明确。比如成为某一领域的知名专家，既可以解释为对技术能力的看重，也可以解释为对权威和地位的追求。此外，投射法的结构性较差，往往存在因素的重叠或缺乏。例如表 2-10 所呈现的例子中，若干项目存在因素的重叠，并且更重要的是这 15 个项目难以涵盖所有价值观因素。为了解决以上问题，可以通过结构性更强、因素更明确的问卷法来考察人们的职业价值观。

（三）问卷法

问卷法是通过由一系列问题构成的调查表收集资料以测量人的行为和态度的心理学基本研究方法之一。目前用于测量职业价值观的问卷包括：国外的舒伯职业价值观问卷、国内凌文编制的职业价值观问卷。

任务四

培养职业兴趣

职业兴趣是兴趣在职业方面的表现，是指人们对某种职业活动具有的比较稳定而持久的心理倾向，使人给予某种职业优先注意，并向往之。

一、职业兴趣的影响因素

职业兴趣是以一定的素质为前提，在生涯实践过程中逐渐产生和发展起来的。它的形成与个人的个性和情感、家庭环境、受教育程度和所处的社会条件等有着密切的关系。因此，职业生涯规划对兴趣的探讨不能孤立进行，应当结合个人的、家庭的、社会的因素来考虑。了解这些因素，有利于深入认识自己，进行职业生涯规划。

（一）个人需要和个性

人的兴趣不管是什么，都是以需要为前提和基础的，人们需要什么就会对什么产生兴趣。由于人们的需要包括生理需要和社会需要（或物质需要和精神需要），因此人的兴趣也同样表现在这两个方面。人的生理需要（或物质需要）一般来说是暂时的，容易满足。例如，人对某一种食物、衣服感兴趣，吃饱了、穿上了也就满足了；而人的社会需要（或精神需要）却是持久的、稳定的、不断增长的。例如，人对人际交往的需要、对文学和艺术的兴趣、对社会生活的参与是长期的、终生的，并且是不断追求的。兴趣是在需要的基础上产生的，也是在需要的基础上发展的。

兴趣和爱好的品位高低会受一个人的个性特征优劣的影响。例如，一个人个性品质良好，会对公益活动感兴趣，乐于助人，对高雅的音乐、美术有兴趣；反之，一个人个性品质低劣，会对占小便宜感兴趣，对低级、庸俗的文艺作品有兴趣。

（二）个人认识和情感

兴趣是和个人的认识和情感密切联系的。一个人如果对某项事物没有认识，就不会产生情感，因而也就不会对它产生兴趣。同样，一个人如果缺乏某种职业知识，或者根本不了解这种职业，那么他就不可能对这种职业感兴趣。相反，认识越深刻，情感越丰富，兴趣也就越深厚。例如，有的人对集邮很入迷，认为邮票既有收藏价值，又有观赏价值；既能丰富知识，又能陶冶情操，而且收藏得越多、越丰富，情感就越投入、越专注，越有兴趣。于是集邮就会发展成为一种爱好，并有可能成为其职业。

（三）家庭环境

家庭作为最基本的社会单元，对每个人的心理发展都有重要的影响，家庭环境的熏陶对职业兴趣的形成具有十分明显的导向作用。大多数人从幼年起就在家庭的环境中感受其父母的职业活动，随着年龄的增长，逐步形成自己对职业价值的认识，使得人在选择职业时，不可避免地带有家庭教育的印迹。

家庭因素对职业取向的影响，主要体现在择业趋同性与协商性等方面。一般情况下，个人对于家庭成员特别是长辈的职业比较熟悉，在职业规划和职业选择上会产生一定的趋同性。同时受家庭群体职业活动的影响，个人的生涯决策或多或少建立在家庭成员协商的基础上。另外，父母的兴趣也会对孩子有直接的影响。

（四）受教育程度

个人接受教育的程度是影响其职业兴趣的重要因素。任何一种社会职业对从业人员都有知识与技能等方面的要求，而个人的知识与技能水平的高低在很大程度上取决于其受教育的程度。一般来说，个人学历层次越高，接受职业培训的范围越广，其职业取向领域就越宽。

（五）社会因素

一方面，社会舆论如政府政策导向、传统文化、社会时尚等会对个人职业兴趣产生影响。政府就业政策的宣传是主导的影响因素，传统的就业观念和就业模式也往往制约个人的职业选择，而属于社会时尚的职业则始终是个人特别是青年人追求的目标。如当前计算机技术和旅游事业都得到较大发展，对这两个领域的职业有兴趣的人也增加得很快。

另一方面，兴趣和爱好是受社会性制约的，不同环境、不同职业、不同文化层次的人，兴趣和爱好都不一样。

（六）职业需求

职业需求是一定时期内用人单位可提供的不同职业岗位对从业人员的总需求量，它是影响个人职业兴趣的客观因素。职业需求越多、类别越广，个人选择职业的余地就越大。职业需求对个人的职业兴趣具有一定的导向性，在一定条件下，它可强化个人的职业取向，或抑制个人不切实际的职业取向，也可引导个人产生新的职业取向。

最后，年龄的变化和时代的变化也会对人的兴趣产生直接影响。就年龄方面来说，少儿时期往往对图画、歌舞感兴趣，青年时期往往对文学、艺术感兴趣，成年时期往往对某种职业、某种工作感兴趣。这反映了一个人的兴趣随着年龄的增长、知识的积累在转移。就时代来讲，不同的时代，不同的物质和文化条件会对人兴趣的变化产生很大的影响。以上因素对每个人的影响都不同，需要在职业生涯规划中具体考虑。

二、职业兴趣对职业发展的影响

（一）兴趣对职业发展的作用

1. 职业选择的重要依据

一个人一生从事什么样的职业，兴趣起着重要的作用，有时甚至比能力更重要。美国职业指导专家约翰·霍兰德（John Leuis Holland）指出，预测个人职业选择最有效的方式是直接询问这个人想做什么。霍兰德基于自己对职业倾向测试的研究，将劳动者职业倾向划分为现实型、研究型、艺术型、社会型、事业型、常规型。每一种兴趣类型都有其对应且适合的职业。

2. 影响工作满意度和职业成就感

有研究表明，个人如果怀着兴趣从事某种工作，就能发挥全部才能的 80% 以上，并且工作过程中有创造性、主动性，不易疲劳，效率高。如此，员工会有较高的工作满意度和职业成就感。相反，如果从事没有兴趣的工作，那这种工作会成为一种负担，个人只能发挥全部才能的 20%~30%，并且工作时比较被动，工作态度十分消极，工作效率低，无精打采，甚至产生职业倦怠。

（二）将职业兴趣纳入生涯规划的方法

1. 生涯三阶段模型

生涯三阶段模型将生涯划分为生存期、过渡期、事业期三个阶段，每个阶段对应该阶段的兴趣和能力特点，取得发展和平衡，如图 2-1 所示。

在生存期，为了生存，个体只能按照现有能力先找到工作，满足自己基本的需要。在这个阶段，兴趣只能作为业余爱好来丰富自己的生活，缓解压力。

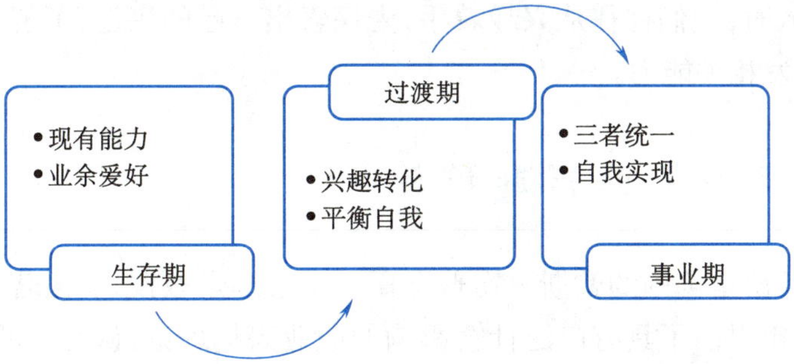

图 2-1 生涯三阶段模型

在过渡期，个体实现工作内容基本可控，有一些可以自由支配的时间和精力，有机会去考虑自己的兴趣，并能通过学习、实践、积累把自己的兴趣逐渐转化为未来的职业能力，同时寻找新的机会去尝试和验证。

在事业期，个体已经将职业兴趣与职业充分融合，即做自己喜欢的、擅长的、认为有价值的工作，与此同时，仍不断在自己的职业中开发新的领域、迎接新的挑战，保持前进的状态。

2. 兴趣－能力关系模型

金蕾莅和贾杰提出了兴趣－能力关系模型，将能力和兴趣分别作为横坐标和纵坐标，所划分的四个象限分别对应职场生活中的四种状态：高兴趣、高能力为"理想工作"，高兴趣、低能力为"业余爱好"，低兴趣、高能力为"谋生手段"，低兴趣、低能力为"寻求改变"，如图 2-2 所示。

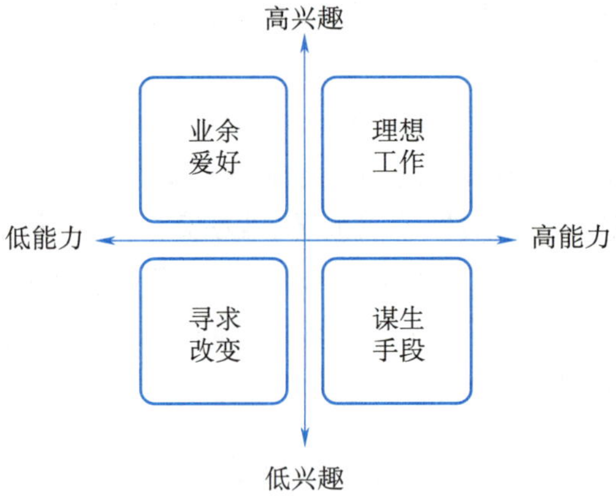

图 2-2　兴趣－能力关系模型

根据这一模型，我们在进行生涯规划时，需要将兴趣和能力综合考虑。当能力偏低时，要提升能力，从而将自己的兴趣转化为未来的职业能力；当兴趣不足时，要学会"干一行、爱一行"，发掘工作中的乐趣，也可以培养业余爱好以平衡生活与工作，当然还可以通过不断学习、钻研来提升兴趣所在方面的能力，进而开拓新的职业前进方向；当能力和兴趣都偏低时，我们往往从兴趣着手，先探索出自己的兴趣，了解自己适应的职业类型，再不断开发相关能力。

三、霍兰德职业兴趣理论

约翰·霍兰德是美国约翰斯·霍普金斯大学心理学教授，美国著名的职业指导专家。他于 1959 年提出了具有广泛社会影响的职业兴趣理论，认为人的人格类型、兴趣与职业密切相关。兴趣是人们活动的巨大动力，凡是使人产生兴趣的职业，都可以提高人们的积极性，促使人们积极地、愉快地从事该职业，而且，职业兴趣与人格之间存在很高的相关性，每一人格类型的人，会对相应职业类型中的工作或学习内容感兴趣。霍兰德职业兴趣理论可以归纳为以下三个方面。

（一）个人与环境之间的关系

大多数社会学家都认为，一个人的生活环境和周围社会环境的特征都会影响个体的行为。这些环境特征不仅中和了个体的行为，而且在相当长的一段时间内还中和了亚文化以及社会环境。我们在分析一个人的时候，不仅要分析其先天的个性特征，而且还要分析这个人成长或生活的环境特征。霍兰德对“个人与环境之间的匹配”有如下一些代表性观点。

（1）个人做出职业选择的依据就是寻找那些能够使自己成长的环境。

（2）对工作环境知道得越多，就越容易做出正确的职业选择。

（3）职业的选择应该是慎重的，它反映了这个人的动机、知识、个性和能力。职业代表了一种生活方式，它是一种环境而不是一系列相互孤立的工作项目和技能。一种职业不仅意味着要有某种特定的形象（社会角色），而且还意味着要有某种特殊的生存方式。从这层意义上来讲，一种职业的选择代表着一系列信息：某人的工作动机、对于职业的看法，以及对自身能力的认识。

（二）四项核心假设

职业兴趣理论是建立在以下四项核心假设的基础上的。

假设一：在我们生活的社会文化环境中，大多数人的人格可以归纳为六种人格类型——现实型（Realistic）、研究型（Investigative）、艺术型（Artistic）、社会型（Social）、企业型（Enterprising）、传统型（Conventional）。每一种特定人格类型的人，会对相应职业类型中的工作或学习感兴趣。

假设二：现实生活中存在与上述人格类型相对应的六种环境类型——现实型、研究型、艺术型、社会型、企业型以及传统型。

假设三：人们总是在积极寻找适合他们的职业环境，在其中他们能够充分施展自己的技能和能力，表达他们的态度和价值观，并且能够完成那些令人愉快的使命和任务。

假设四：一个人的行为表现是由其个性特征和环境特征的交互作用决定的。

（三）人格类型与职业类型匹配模型

在上述假设的基础上，霍兰德进一步提出了人格类型与职业类型的匹配模型。霍兰德认为，同一类型的劳动者与职业互相结合，便能够达到理想状态，其结果是劳动者找到适宜的职业岗位，职业岗位获得了合适的人才，劳动者的才能与积极性得以很好地发挥。

霍兰德提出的六种人格类型及其特征和适合的职业见表 2-11。

表 2-11　霍兰德提出的六种人格类型

类型	人格特征	适合的职业
现实型（R 型）	坦率、正直、诚实、谦逊。喜欢从事规则明确的活动及技术性工作，甚至热衷于亲自动手创造新事物。他们的身体技能及机械协调能力较强，希望工作任务是明确而具体的。另外，这类人不喜欢言谈，对于人际交往及人员管理、监督等活动不感兴趣	喜欢使用工具、机器，适合需要基本操作技能的工作。对要求具备机械方面才能、体力或与物件、机器、工具、运动器材、植物、动物相关的职业有兴趣，且具备相应能力。如技术性职业（计算机硬件人员、摄影师、制图员、机械装配工）和技能性职业（木匠、厨师、技工、修理工、农民、一般劳动者）
研究型（I 型）	谨慎、严格、严肃、内向、谦虚，独立性强。他们通常喜欢与理论思维或数理统计相关的工作，对于解决抽象问题具有极大热情。对于人员的领导及人际关系兴趣不大	喜欢抽象的、独立的定向任务，对要求具备智力或分析才能，并将其用于观察、估测、衡量，形成理论，最终解决问题的工作有兴趣，且具备相应的能力。如科学研究人员、教师、工程师、计算机编程人员、医生、系统分析员
艺术型（A 型）	感情丰富、内心充满热情、善于表达且富有想象力。善于通过语言、动作、色彩和形状来表达审美原则，比较喜欢独立行事，不太合群。他们具备艺术性的、独创性的表达和直觉能力，创造倾向明显，对于机械性及程式化的工作不感兴趣	喜欢要求具备艺术修养、创造力、表达能力和直觉，并将其用于语言、行为、声音、颜色和形式的审美、思索和感受的工作，且具备相应的能力。不擅长事务性工作。如艺术从业人员（演员、导演、艺术设计师、雕刻家、建筑师、摄影家、广告制作人），音乐工作者（歌唱家、作曲家、乐队指挥），文学创作者（小说家、诗人、剧作家）
社会型（S 型）	善良、热情、灵活、有耐心和毅力，语言能力通常优于数理能力，慷慨大度，善于劝说，乐于与人相处，乐于给人提供帮助，具有人道主义精神，责任心强	喜欢要求与人打交道的工作，能够不断结交新的朋友，可从事提供信息、启迪、帮助、培训、开发或治疗等的事务，且具备相应能力。如教育工作者（教师、教育行政人员）和社会工作者（咨询人员、公关人员）
企业型（E 型）	乐于冒险、雄心勃勃，具有外向、易冲动、乐观、自信的个性特征，喜欢影响、管理、领导他人，具备劝说、管理、监督、组织和领导等能力。不喜欢具体精细或需长时间集中心智的工作	喜欢要求具备经营、管理、劝服、监督和领导才能，以实现机构、政治、社会及经济目标的工作，且具备相应的能力。如项目经理、销售人员、营销管理人员、政府官员、企业领导、法官、律师
传统型（C 型）	注重细节，讲求良心和精确性，通常体现出有序、有恒心、有效率、服从安排的个性特征。喜欢高度有序、要求明确的工作，不太适应规则模糊、自由度大的工作。不喜欢主动决策，一般较为忠诚可靠，偏保守，与人交往会保持一定距离	喜欢注意细节和精确度、有系统性、有条理，对记录、归档、根据特定要求或程序组织数据和文字信息的职业有兴趣，且具备相应能力。如秘书、办公室人员、记事员、会计、行政助理、图书馆管理员、出纳员、打字员、投资分析员

上述六大人格类型并非各自独立，每一种类型与其他类型之间存在一定程度的关联，不同人格类型的人之间可能有较多的共同点，也可能兴趣差异悬殊。

在现实生活当中，人们往往迫于各种社会条件的限制，并不都能按照各自的人格特征和职业兴趣来进行职业选择。然而，只要现实条件允许，大多数人总是倾向于选择与自己的人格特征、兴趣爱好相符的职业。上述提到的六种人格类型及其对应的典型职业选择是一种理想化的划分。由于人的社会性和多样性，个体的人格类型并不是单一和绝对的，大多数人并非只有一种人格类型（如一个人的人格类型中很可能同时包含着社会型、现实型和研究型）。霍兰德认为，这些人格类型越相似，相容性越强，则一个人在选择职业时所面临的内在冲突和犹豫就会越少。为了帮助描述这种情况，霍兰德建议将这六种人格类型分别放在一个正六角形的每一角，如图 2-3 所示。

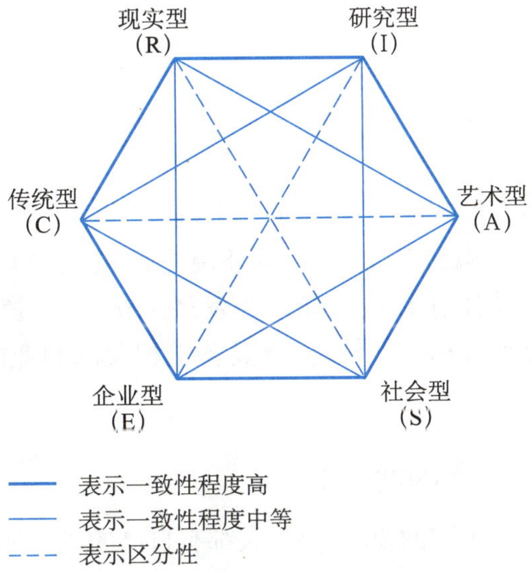

图 2-3　霍兰德职业兴趣类型六角形模型

在六角形模型上，两种类型之间的距离越近，其职业环境及人格特质的相似度越高，即相似度较高的类型是相邻关系，其次是相隔关系，那些极不相关的类型则是位于六角形中对角线位置的相对关系。比如，现实型与传统型和研究型相关性较强，而与社会型相关性很弱。人格类型和职业类型相关系数越大，人的适应程度就越高。如果两者统一在一个点上，表明劳动者人格类型与职业类型高度相关，即劳动者从事了相应类型的职业，此种情况下，人员配置最适宜，是最好的职业选择。霍兰德认为，求职者在进行职业选择时应尽量选择与自己人格特质相一致的职业环境，这样比较容易获得职业上的成功以及心理上的愉悦感。

任务五

培养职业能力

职业能力(Occupational Ability)是人们从事其职业的多种能力的综合。任何一个职业岗位都有相应的岗位职责要求,一定的职业能力则是胜任某种职业岗位的必要条件。因此,在进行择业时,首先要明确自己的能力优势以及胜任某种工作的可能性。必要时可以将心理测试结果作为参考,在基本确定自己的职业能力和发展可能性的基础上进行职业选择。

一、职业能力对职业的影响

明尼苏达工作适应论认为:当工作环境能满足个人需要和个人能满足工作要求,达到内在外在“两个满意”时,个人与环境之间的关系就比较协调,个人的工作满意度会比较高,在该工作领域也能持久发展。在这一过程中,个人的职业能力与“外在满意”的实现直接相关,个体只有具备了相关的职业能力,才能胜任相应的职业。

(一)职业能力影响职业的胜任

不同的职业对能力有不同的要求,每个人都有自己的优势和劣势,如有的人擅长形象思维,有的人擅长逻辑思维,还有的人擅长具体行动思维。如果根据思维能力类型来选择职业,擅长形象思维的人比较适合从事文学艺术方面的工作,擅长逻辑思维的人比较适合从事哲学、数学等方面的工作,擅长具体行动思维的人比较适合从事机械修理方面的工作。如果不考虑一个人的能力类型,而让其从事与其能力不匹配的职业工作,效果就不会好。因此,应弄清胜任职业所需要的职业能力。

(二)职业能力影响职业的选择

社会上任何一种职业对工作者的能力都有一定的要求。如从事会计、出纳、统计等职业,工作者必须有较强的计算能力;从事工程、建筑及服装设计等职业,工作者要具备空间判断能力;飞行员、外科医生、运动员、舞蹈演员等则要具备眼与手的协调能力。因此,在进行职业选择时,要特别注意能力与职业的匹配。

（三）职业能力影响职业的发展

职业能力是个人职业发展的基础，个体职业能力越强，各种能力越能综合发展，就越能促进人在职业活动中的发展和创造，越能给个人带来职业成就感，使其在该工作领域持久地发展。

二、职业能力倾向测验

职业能力倾向是潜在的心理特征，对它的了解和把握不能通过直接的测量来获得，就像不能使用直尺来测量记忆的长度一样，人的能力倾向所包含的各种心理特征只能通过间接的测量来获得。我们对人的职业能力倾向的测量通常都是通过对人的行为的测量来获得的，这也是心理学测量与其他学科测量的重要差异。

职业能力倾向测验有多种类型，其用途不尽相同。下面简单介绍区分能力倾向成套测验（Differential Aptitude Test，DAT）和一般能力倾向成套测验（General Aptitude Test Battery，GATB）。

DAT 是应用最广泛的多重能力倾向测验，主要用于初、高中学生的教育和职业咨询。DAT 包含 8 个子测验，分别是语言推理能力、数字能力、抽象推理能力、空间关系、机械推理、书写速度与准确度、语言使用、拼写句子。

GATB 主要是实现对许多职业领域中工作所必需的几种能力倾向的测定。它由 15 个测验项目构成，其中 11 个是纸笔测验，其余 4 个是操作测验，两种测验可以测定 9 种能力倾向，分别是：

（G）一般学习能力（General learning Ability）：包括对说明、指导语和原埋的理解能力、推理能力和判断能力；

（V）言语能力（Verbal Aptitude）：对词语意义和词汇间关系的理解以及语言表达的能力。

（N）数理运算能力（Numerical Aptitude）：准确、快速地进行数学运算和推理的能力。

（S）空间知觉能力（Spatial Aptitude）：对立体图形及平面图形与立体图形之间关系的理解能力。

（P）形状知觉能力（Form Perception）：对实物或图形细微部分正确知觉的能力。

（Q）文书知觉能力（Clerical Perception）：直观地比较、辨别数字和词语，具有对字词、印刷符号、票据的细微部分正确知觉的能力，具有发现和校正字词、印刷符号、票据的细微部分所含错误的能力。

（K）运动协调能力（Motor Coordination）：快速运动中的眼手协调能力。

（F）手指灵巧度（Finger Dexterity）：用手指快速操作细小物体的能力。

（M）手腕灵巧度（Manual Dexterity）：用双手放置或转动物体的能力。

三、职业能力的提升

职业能力主要包含三方面基本要素。

一是为了胜任一种具体职业而必须具备的能力，表现为任职资格。二是在步入职场之后表现的职业素质。三是开始职业生涯之后具备的职业生涯管理能力。例如，一位教师只具有语言表达能力是不够的，还必须具有对教学的组织和管理能力，对教材的理解和使用能力，对教学问题和教学效果的分析、判断能力等，并且能对学生进行积极的教育。这才是一个教师的职业能力。

如果说职业兴趣能决定一个人的择业方向，以及在该方面所乐于付出努力的程度，那么职业能力则能说明一个人是否能够胜任既定的职业，也能说明一个人在该职业中取得成功的可能性。

职业能力分为一般职业能力、专业能力和综合能力。

一般职业能力主要是指一般的学习能力、文字和语言运用能力、数学运用能力、空间判断能力、形体知觉能力、颜色分辨能力、手的灵巧度、手眼协调能力等。此外，任何职业都需要与人打交道，因此，人际交往能力、团队协作能力、对环境的适应能力以及遇到挫折时良好的心理承受能力都是人们在职业活动中不可缺少的能力。

专业能力主要是指从事某一职业的专业能力。在求职过程中，招聘方最关注的就是求职者是否具备胜任岗位工作的专业能力。例如，你去应聘教学工作岗位，招聘方最看重的是你是否具备最基本的教学能力。

对于职业综合能力，这里主要介绍国际上普遍注重培养的“关键能力”，主要包括四个方面。

1. 跨职业的专业能力

以下三个方面可以体现出一个人跨职业的专业能力：一是运用数学和测量方法的能力；二是计算机应用能力；三是运用外语解决技术问题和进行交流的能力。

2. 方法能力

方法能力有三个方面：一是信息收集和筛选能力；二是制订工作计划、独立决策和实施的能力；三是准确进行自我评价的能力和接受他人评价的承受能力，以及能够从成败经历中有效地吸取经验教训的能力。

3. 社会能力

社会能力主要是指一个人的团队协作能力、人际交往和沟通的能力，即在工作中能够与他人合作并共同完成工作；对他人公正宽容，具有准确裁定事物的判断力和自律能力等，这是胜任岗位和在工作中开拓进取的重要条件。

4. 个人能力

随着我国经济体制改革的深入、法律制度的不断健全完善，人的社会责任心和诚信越来越被重视，一个人良好的职业道德越来越受到全社会的尊重和赞赏，爱岗敬业、认真负责、注重细节的职业人格会得到全社会的肯定和推崇。

在选择职业时，不仅要考虑自己喜欢什么、适合什么，还要看自己是否有胜任这项工作的潜力和素质。这里所说的素质往往与个人的性格和成长经历有密切的关系，很难通过短期的培养和学习进行提高。大学生可以根据自己的择业目标有意识地培养自己的能力，也可以根据自己的能力水平，选择合适的职业，但无论采用哪种途径，都必经过辛苦而漫长的修炼。

我们在选择职业时需注意以下三个与职业能力相关的问题。

（1）注意能力类型与职业相吻合。职业可以根据工作性质、环境划分出不同类型，这就对个人能力提出了不同的要求。能力水平要与职业层次基本一致，只有这样才能使能力与职业需要相吻合。

（2）注意一般能力与职业相吻合。不同的职业对个人的智力、学习能力、观察能力等的要求不同。有些职业要求高智商，有些则需要很强的学习能力。

（3）注意特殊能力与职业相吻合。这里所说的特殊能力是指从事一些比较专业的活动的能力，也可称为特长，如特殊的音乐才华、创新能力、逻辑思维能力等。

根据职业所需的特殊能力类型，还可以把特殊能力与职业进行匹配，有以下 9 种类型。

（1）擅长与物打交道：如制图员、勘测人员、建筑师、机械制造工程师等。

（2）擅长与人打交道：如记者、推销员、教师、行政管理人员等。

（3）擅长做有规律的工作：如文秘人员、图书管理员等。

（4）喜欢从事与社会福利相关和助人的工作：如医生、律师、咨询人员等。

（5）具有领导和组织能力：如行政人员、企业管理人员等。

（6）擅长研究人的行为：如心理学家、政治人物、人事管理等。

（7）擅长科学技术研究：如科学家、理论家等。

（8）擅长抽象、创造性的工作：如经济分析师、社会调查人员等。

（9）擅长操作性、技术性的工作：如驾驶员、飞行员、机械制造工程师等。

相关链接

美国社会和工商界对大学毕业生顺利进入职场所应具备的几种能力进行了归纳，我国的大学生可以参考，具体能力如下。

1. 很强的分析问题和解决问题的能力，包括运用系统思维的能力。在遇到紧急任务时，能够顺利解决问题，不至于手足无措。

2. 对新问题、复杂问题的综合能力和表达能力。新情况和新问题层出不穷，不能把握这些方面，就谈不上创新。

3. 交融跨学科知识的能力。

4. 判断自己的选择和决定所产生后果及相关后果的能力。

5. 在复杂信息环境下的信息检索和判断能力。

6. 在多元化环境下的工作能力。必须对各种文化有良好的包容性。

7. 对民主价值、平等和社会责任作出承诺的能力。

8. 了解外来文化和变化中的世界的能力。

项目训练

一、气质测验

本气质测验是由心理学家陈会昌编制的，共60题，每种气质类型15题，可测量出4种气质类型：胆汁质、多血质、粘液质和抑郁质。

（一）测试内容

1. 做事力求稳妥，不做无把握的事。
2. 遇到可气的事就怒不可遏，要把心里话全说出来才痛快。
3. 宁肯一个人做事，不愿与很多人在一起做事。
4. 到一个新环境很快就能适应。
5. 厌恶那些强烈的刺激，如尖叫、噪声、危险的镜头等。
6. 和人争吵时，总是先发制人，喜欢挑衅。
7. 喜欢安静的环境。
8. 喜欢和人交往。
9. 羡慕那种能克制自己感情的人。
10. 生活有规律，很少违反作息制度。
11. 在多数情况下情绪是乐观的。
12. 碰到陌生人觉得很拘束。
13. 遇到令人气愤的事，能很好地自我克制。
14. 做事总是有旺盛的精力。
15. 遇到问题常常举棋不定，优柔寡断。
16. 在人群中从不觉得过分拘束。
17. 情绪高昂时，觉得做什么都有趣。
18. 当注意力集中于一件事时，很难分心。
19. 理解问题总比别人快。
20. 碰到危险情境，常有一种极度恐惧感。

21. 对学习、工作、事业怀有很高的热情。
22. 能够长时间做枯燥、单调的工作。
23. 对符合兴趣的事情,做起来劲头十足,否则就不想做。
24. 一点小事就能引起情绪波动。
25. 讨厌做那种需要耐心、细致的工作。
26. 与人交往不卑不亢。
27. 喜欢参加热烈的活动。
28. 爱看感情细腻、描写人物内心活动的文学作品。
29. 工作、学习时间长了,常感到厌倦。
30. 不喜欢长时间谈论一个问题,愿意实际动手做。
31. 宁愿侃侃而谈,不愿窃窃私语。
32. 在别人眼中总是闷闷不乐。
33. 疲倦时只要短暂地休息就能精神抖擞,重新投入工作。
34. 理解问题常比别人慢些。
35. 心里有话宁愿自己想,不愿说出来。
36. 认准一个目标就希望尽快实现,不达目的,誓不罢休。
37. 学习、工作同样一段时间后,常比别人更疲倦。
38. 做事有些莽撞,常常不考虑后果。
39. 老师或师傅讲授新知识、技术时,总希望他讲慢些,多重复几遍。
40. 能够很快地忘记那些不愉快的事情。
41. 做作业或完成一件工作总比别人花的时间多。
42. 喜欢参加运动量大的剧烈体育活动,或各种文娱活动。
43. 不能很快地把注意力从一件事转移到另一件事上去。
44. 接受一个任务后,希望把它迅速完成。
45. 认为墨守成规比冒风险强些。
46. 能够同时注意几件事物。
47. 烦闷的时候,别人很难使自己高兴起来。
48. 爱看情节起伏跌宕、激动人心的小说。
49. 对工作抱有认真严谨、始终一贯的态度。
50. 和周围的人们总是相处不好。
51. 喜欢复习学过的知识,重复做已经掌握的工作。
52. 喜欢做变化大、花样多的工作。
53. 小时候背的诗歌比别人记得清楚。
54. 在别人眼中喜欢“出语伤人”,可自己并不觉得是这样。
55. 在体育活动中,常因反应慢而落后。

56. 反应敏捷，头脑机智。

57. 喜欢有条理而不甚麻烦的工作。

58. 常因令人兴奋的事失眠。

59. 老师讲新概念，常常听不懂，但是弄懂以后就很难忘记。

60. 假如工作枯燥无味，马上就会情绪低落。

（二）结果对照

胆汁质，包括 2、6、9、14、17、21、27、31、36、38、42、48、50、54、58 各题；

多血质，包括 4、8、11、16、19、23、25、29、33、40、44、46、52、56、60 各题；

粘液质，包括 1、7、10、13、18、22、26、30、34、39、43、45、49、55、57 各题；

抑郁质，包括 3、5、12、15、20、24、28、32、35、37、41、47、51、53、59 各题。

（三）计分规则

本气质测验为自陈形式，计分采取数字等级制，即非常符合计 2 分，比较符合计 1 分，拿不准的计 0 分，比较不符合扣 1 分，完全不符合扣 2 分。分别把属于每一种类型的题的分数相加，得出的和即为该类型的得分。

最后的评分标准是：如果某种气质得分明显高于其他三种（均高出 4 分以上），则可定为该种气质；如果两种气质得分接近（差异低于 3 分）而又明显高于其他两种（高出 4 分以上），则可定为两种气质的混合型；如果三种气质均高于第四种的得分且相接近，则为三种气质的混合型。

二、职业价值观测量

舒伯职业价值观量表

一、职业价值观量表测评

请仔细阅读职业价值观量表（表 2–12），并在每题前填上 1~5 的数字，代表该选项对你的重要性。其中 5 代表非常重要，4 代表很重要，3 代表重要，2 代表不太重要，1 代表不重要。

表 2–12　职业价值观量表

分值	题号	题目	分值	题号	题目
	1	能参与救灾济贫的工作		7	能在社会中扮演更重要的角色
	2	能经常欣赏完美的艺术品		8	能知道别人如何处理事务
	3	能经常尝试新的构想		9	收入能比相同条件的人高
	4	必须花精力去深入思考		10	能有稳定的收入
	5	在职责范围内有充分自由		11	能有清洁的工作场所
	6	可以经常看到自己的工作成果		12	主管善解人意

（续表）

分值	题号	题目	分值	题号	题目
	13	能经常和同事一起休闲		37	能让自己出人头地
	14	能经常变换职务		38	可以发挥自己的领导能力
	15	能成为你想成为的人		39	可使自己存下很多钱
	16	能帮助贫困和不幸的人		40	有好的保险和福利制度
	17	能增添社会的文化气息		41	工作场所有现代化的设备
	18	可以自由地提出新颖的想法		42	主管能采取民主领导方式
	19	必须不断学习才能胜任工作		43	不必和同事有利益冲突
	20	工作不受他人干涉		44	可以经常变换工作场所
	21	常觉得自己的辛劳没有白费		45	能让你觉得如鱼得水
	22	能使你更有社会地位		46	能常帮助他人解决困难
	23	能够分配调整他人的工作		47	能创作优美的作品
	24	能常常加薪		48	常需提出不同的处理方案
	25	生病时能得到妥善照顾		49	需对事情深入分析研究
	26	工作地点采光和通风好		50	可以自行调整工作进度
	27	有一个公正的主管		51	工作结果受到他人肯定
	28	能与同事建立深厚的友谊		52	能自豪地介绍自己的工作
	29	工作性质常会变化		53	能为团体拟订工作计划
	30	能实现自己的理想		54	收入高于其他行业
	31	能够减少别人的苦难		55	不会轻易被解雇或裁员
	32	能运用自己的鉴赏能力		56	工作场所整洁卫生
	33	常需构思新的解决方法		57	主管的学识和品德让自己敬佩
	34	必须不断地解决新的难题		58	能够认识很多风趣的伙伴
	35	能自行决定工作方式		59	工作内容随时间变化
	36	能知道自己的工作绩效		60	能充分发挥自己的专长

二、职业价值观量表计分及解释

职业价值观量表计分及解释见表2-13。

表2-13 职业价值观量表计分及解释

得分	对应题目	职业价值观	得分	对应题目	职业价值观
	1、16、31、46	利他主义		9、24、39、54	经济报酬
	2、17、32、47	审美追求		10、25、40、55	安全稳定
	3、18、33、48	创造发明		11、26、41、56	工作环境
	4、19、34、49	智力激发		12、27、42、57	上下级关系
	5、20、35、50	独立自主		13、28、43、58	同事关系
	6、21、36、51	成就满足		14、29、44、59	多样变化
	7、22、37、52	声望地位		15、30、45、60	生活方式
	8、23、38、53	管理权力			

三、探索职业兴趣

六个神奇的岛屿，洞察你的未来

如果学校给了你一个假期，让你在下列6个岛屿中选择一个居住3年，那么，忽略其他因素，单从兴趣的角度来考虑，你最想去哪个岛？最不想去哪个？

A岛——“美丽浪漫岛”

这个岛上到处是美术馆、音乐厅，弥漫着浓厚的艺术文化气息。岛民们保留着传统的舞蹈、音乐与绘画。许多文艺界人士都喜欢来到这里开沙龙以寻求灵感。

C岛——“现代井然岛”

处处耸立着的现代建筑，标志着这是一个进步的、都市形态的岛屿，岛上的户政管理、地政管理及金融管理都十分完善。岛民们个性冷静保守，处事有条不紊，善于组织规划。

E岛——“显赫富庶岛”

该岛经济高度发达，处处是高级饭店、俱乐部、高尔夫球场。岛民性格热情豪爽，善于进行企业经营和贸易活动。岛上往来者多是企业家、经理人、政治家、律师等。这些商界名流与高阶层人士在岛上享受着高品质生活。

I岛——“深思冥想岛”

这个岛有绿野平畴，人少僻静，适合夜观星象。岛上有很多天文馆、科技博物馆、科学图书馆。岛民们最喜欢猫在自己的小房子里，天天钻研学问，沉思冥想，探究真知。哲学家、科学家和心理学家们在这里约会，讨论学术，交流思想。

R岛——“自然原始岛”

这是个自然生态优良的绿色之岛。岛上不仅保留着热带雨林等原始生态系统，而且建立了有相当规模的植物园、动物园、水族馆。岛民以手工制造见长,他们自己种植花果,栽培蔬菜,修缮房屋,打造器物,制作工具。

S 岛——“温暖友善岛”

这个岛的岛民们都性情温和,乐于助人,人际关系十分友善。大家互助合作,重视教育后代。每个社区都能自成一个密切互动的服务网络,处处充满着人文关怀气息。

你总共有 15 秒的时间回答以下问题:

1. 如果你必须在 6 个岛之中的一个岛上生活一辈子,成为这个岛的岛民,你会选择哪一个岛?

2. 你最不愿意选择哪一个岛?

选好之后可以对照表 2-14 探索自己的职业兴趣类型。

表 2-14 兴趣岛结果对照表

岛屿类型	喜欢的活动	喜欢的职业
A 岛——艺术型(Artistic)	喜欢创造和自我表达类型的活动,如音乐、美术、写作、戏剧	音乐家、作曲家、乐队指挥、美术家、漫画家、作家、诗人、舞蹈家、演员、戏剧导演、广告设计师、室内装潢设计师
C 岛——传统型(Conventional)	喜欢固定的、有秩序的活动,如组织和处理数据等。愿意在一个大的机构中处于从属地位,并希望知道工作的确切要求和标准	税务专家、会计师、银行出纳、簿记、行政助理、秘书、档案文书、计算机操作员
E 岛——企业型(Enterprising)	喜欢领导和影响别人,或为达到个人或组织的目的而说服别人,成就 番事业	商业管理者、市场或销售经理、营销人员、采购员、投资商、电视制片人、保险代理、政治运动领袖、公关人员、律师
I 岛——研究型(Investigative)	喜欢处理信息(观点、结论),喜欢探索和理解、研究那些需要分析和思考的抽象问题,并且喜欢独立活动	实验室工作人员、物理学家、化学家、生物学家、工程师、程序设计员、社会学家
R 岛——现实型(Realistic)	愿意从事事务性活动,如户外劳作或操作机器,而不喜欢待在办公室里	农业、林业、渔业、野外生活管理业、制造业、机械业、技术贸易业、特种工程师、军事领域工作者
S 岛——社会型(Social)	喜欢与别人合作的活动,帮助别人解决困难	牧师、心理咨询员、社会工作者、教师、辅导员、医护人员、其他各种服务性行业人员

四、分析工作兴趣

工作兴趣的自我分析

回想你的生活、课程、工作角色、休闲时间、家庭中经历的事情,列出那些你真正喜欢做的事情，那些能够带给你满足感和成就感的事情；列出那些你已经开始或打算深入研究的专业领域，如果这个过程比较困难，可以尝试：

想想你的爱好，有没有一两个让你沉醉于其中并因此获得了大量相关领域的技术或信息；

想想你读书、阅读新闻时最想看的板块；

想想那些仅是由于你对某一领域感兴趣而获得的知识；

想想你做的志愿性工作，以及有哪些重复性的工作你更可能得到且很高兴去做；

想想你喜欢并一直做，但又不是必须做的事情。

接下来，列出与你兴趣匹配的工作，并罗列出各个工作的满意之处和不满之处。具体示例如下。

工作：企业高管。

满意之处：有大办公室、薪水高、福利好、有权威地位。

不满之处：远离群众、朋友少、工作压力大、应酬多、穿着不能太随意。

列出并分析可能做的所有工作及其中的满意之处和不满之处，对工作进行排序，得到自己的职业兴趣所在。

五、职业能力倾向测验

职业能力倾向测验量表

下面包括9个方面的能力倾向测评，每种能力倾向都有5道题。"强""较强""一般""较弱""弱"5个等级的分值分别为1、2、3、4、5，在每道题中填入分值对自己进行评定。

1. 一般学习能力倾向（G）	强 1	较强 2	一般 3	较弱 4	弱 5
（1）快而容易地学习新内容	□	□	□	□	□
（2）快而正确地解数学题	□	□	□	□	□
（3）你的学习成绩	□	□	□	□	□
（4）对课文的字、词、段落篇章的理解、分析和综合能力	□	□	□	□	□
（5）对学习过的知识的记忆能力	□	□	□	□	□

2. 言语能力倾向（V）	强 1	较强 2	一般 3	较弱 4	弱 5
（1）表达自己的观点的能力	□	□	□	□	□
（2）阅读速度和理解能力	□	□	□	□	□
（3）掌握词汇的能力	□	□	□	□	□
（4）你的语文成绩	□	□	□	□	□
（5）你的文学创作能力	□	□	□	□	□

3. 数理运算能力倾向(N)	强 1	较强 2	一般 3	较弱 4	弱 5
(1)作出精确的测量	□	□	□	□	□
(2)笔算能力	□	□	□	□	□
(3)口算能力	□	□	□	□	□
(4)你的数学成绩	□	□	□	□	□
(5)打算盘能力	□	□	□	□	□

4. 空间知觉能力倾向(S)	强 1	较强 2	一般 3	较弱 4	弱 5
(1)解决立体几何方面的习题	□	□	□	□	□
(2)画三维的立体图形	□	□	□	□	□
(3)看几何图形的立体感	□	□	□	□	□
(4)想象盒子展开后的平面图	□	□	□	□	□
(5)想象三维的物体	□	□	□	□	□

5. 形状知觉能力倾向(P)	强 1	较强 2	一般 3	较弱 4	弱 5
(1)发现相似图形中的细微差别	□	□	□	□	□
(2)认识物体的形状差异	□	□	□	□	□
(3)注意物体的细节部分	□	□	□	□	□
(4)观察物体的图案是否正确	□	□	□	□	□
(5)描述物体的细微处	□	□	□	□	□

6. 文书知觉能力倾向(Q)	强 1	较强 2	一般 3	较弱 4	弱 5
(1)快而准确地抄写资料(如姓名、日期、电话号码)	□	□	□	□	□
(2)发现错别字	□	□	□	□	□
(3)发现计算错误	□	□	□	□	□
(4)很快地查找编码卡片	□	□	□	□	□
(5)自我控制能力(如长时间抄写资料)	□	□	□	□	□

7. 运动协调能力倾向(K)	强 1	较强 2	一般 3	较弱 4	弱 5
(1)玩电子游戏	□	□	□	□	□
(2)打篮球、排球,踢足球之类的活动	□	□	□	□	□
(3)打乒乓球、羽毛球之类的运动	□	□	□	□	□
(4)打算盘能力	□	□	□	□	□
(5)打字能力	□	□	□	□	□

8. 手指灵巧度倾向（F）	强	较强	一般	较弱	弱
	1	2	3	4	5
（1）灵巧地使用很小的工具	□	□	□	□	□
（2）穿针眼、编织等使用手指的活动	□	□	□	□	□
（3）用手指做一件小工艺品	□	□	□	□	□
（4）使用计算器的灵巧程度	□	□	□	□	□
（5）弹琴	□	□	□	□	□

9. 手腕灵巧度倾向（M）	强	较强	一般	较弱	弱
	1	2	3	4	5
（1）用手把东西分类	□	□	□	□	□
（2）推拉东西时手的灵活度	□	□	□	□	□
（3）很快地削水果	□	□	□	□	□
（4）灵活地使用手工工具	□	□	□	□	□
（5）在绘画、雕刻等手工活动中的灵活性	□	□	□	□	□

统计分数的方法如下：

1. 对9组能力倾向分别计算总计次数

每一组题目，都划分为“强”“较强”“一般”“较弱”和“弱”5个等级。计算时把“强”定为第一项，“弱”定为第五项，以此类推。选择第一项的次数之和就是选“强”的次数之和。

每组5道题完成后，用下面的公式计算出总计次数：

总计次数＝（选择第一项的次数之和×1）＋（选择第二项的次数之和×2）＋（选择第三项的次数之和×3）＋（选择第四项的次数之和×4）＋（选择第五项的次数之和×5）

2. 计算各组能力倾向的自评等级

自评等级＝总计次数/5

3. 将每组的自评等级填入表2–15

表2–15　职业能力倾向自评等级统计

职业能力倾向	自评等级	职业能力倾向	自评等级
G		Q	
V		K	
N		F	
S		M	
P			

（1）自评等级分值应当为1~5分。分值越接近1，说明在此项能力中越具有天赋。反之，分值接近5，说明此项能力较弱。

（2）结果对照表见表2-16。

表2-16 职业能力倾向对照表

职业类型	职业能力倾向								
	G	V	N	S	P	Q	K	F	M
生物学家	1	1	1	2	2	3	3	2	3
建筑师	1	1	1	1	2	3	3	3	3
测量员	2	2	2	2	2	3	3	3	3
测量辅导员	4	4	4	4	4	4	3	4	3
制图员	2	3	2	2	2	3	2	2	3
建筑和工程技术专家	2	2	2	2	2	3	3	3	3
建筑和工程技术员	2	3	3	3	3	3	3	3	3
物理科学技术专家	2	3	3	3	2	3	3	3	3
物理科学技术员	2	2	2	4	2	3	3	2	3
农业、生物、动/植物学技术专家	2	2	2	4	2	3	3	2	3
数学家和统计学家	1	1	1	3	3	2	4	4	4
系统分析和计算机程序编制者	2	2	2	2	3	3	4	4	4
经济学家	1	1	1	4	4	2	4	4	4
社会学家、人类学家	1	1	3	2	2	3	4	4	4
心理学家	1	1	2	2	2	3	4	4	4
历史学家	1	1	3	4	4	3	4	4	4
哲学家	1	1	4	3	3	3	4	4	4
政治学家	1	1	3	4	4	3	4	4	4
政治经济学家	2	2	2	3	3	3	3	3	5
社会工作者	2	2	3	4	4	3	4	4	4
社会服务助理人员	3	3	3	4	4	3	4	4	4
法官	1	1	3	4	3	3	4	4	4
律师	1	1	3	4	4	3	4	4	4

（续表）

职业类型	职业能力倾向								
	G	V	N	S	P	Q	K	F	M
公证人	2	2	3	4	4	3	4	4	4
图书管理学专家	2	2	3	3	4	2	3	4	4
图书馆、博物馆和档案管理员	3	3	3	2	2	4	3	2	3
职业指导师	2	2	3	4	4	3	4	4	4
大学教师	1	1	3	3	2	3	4	4	4
中学教师	2	2	3	4	3	3	4	4	4
小学和幼儿园教师	2	2	3	3	3	3	3	3	3
职业学校教师（职业课）	2	2	2	3	3	3	3	3	3
职业学校教师（普通课）	2	2	3	4	3	3	4	4	4
内、外、牙科医生	1	1	2	1	2	3	2	2	2
兽医学家	1	1	2	1	2	3	2	2	2
护士	2	2	3	3	3	3	3	3	3
护士助手	2	4	4	4	4	2	2	3	2
工业药剂师	2	1	2	3	2	2	3	2	3
医院药剂师	2	2	2	4	9	2	3	2	3
营养学家	2	2	2	3	3	3	4	4	4
配镜师（医）	2	2	2	2	2	3	3	3	3
配镜商	3	3	3	3	3	4	3	2	3
放射科技术人员	3	3	3	3	3	3	3	3	3
药物实验室技术专家	2	2	2	3	2	3	3	2	3
药物实验室技术员	2	3	3	3	3	3	3	3	3
画家、雕刻家	2	3	4	2	2	5	2	1	2
产品设计和内部装饰设计者	2	2	3	2	2	4	2	2	3
舞蹈家	2	3	3	2	3	4	2	2	3
演员	2	2	4	3	4	4	4	4	4
电台播音员	2	2	3	4	4	3	4	4	4

（续表）

职业类型	职业能力倾向								
	G	V	N	S	P	Q	K	F	M
作家和编辑	2	1	3	3	3	3	4	4	4
翻译人员	2	1	4	4	4	3	4	4	4
体育教练	2	2	2	4	4	3	4	4	4
运动员	3	3	4	2	3	4	2	2	2
秘书	3	3	3	4	3	2	3	3	3
打字员	3	3	4	4	4	3	3	3	3
记账员	3	3	3	4	4	2	3	3	4
出纳员	3	3	3	4	4	2	3	3	4
统计员	3	3	2	4	3	2	3	3	4
电话接线员	3	3	4	4	4	3	3	3	3
一般办公室职员	3	4	3	4	4	3	3	4	4
商业经营管理人员	2	2	3	4	4	3	4	4	4
售货员	3	3	3	4	4	3	4	4	4
警察	3	3	3	4	3	3	3	4	3
门卫	4	4	5	4	4	4	4	4	4
厨师	4	4	4	4	3	4	3	3	3
招待员	3	3	4	4	4	4	3	4	3
理发师	3	3	4	4	9	4	2	2	2
导游	3	3	4	3	3	5	3	3	3
驾驶员	3	3	3	3	3	3	3	4	3
农民	3	4	4	4	4	4	4	4	4
动物饲养员	3	4	4	4	4	4	4	4	4
渔民	4	4	4	4	4	5	3	4	3
矿工	3	4	4	3	4	5	3	4	3
纺织工人	4	4	4	4	3	5	3	3	3
机床操作工	3	4	4	3	3	4	3	4	3

（续表）

职业类型	职业能力倾向								
	G	V	N	S	P	Q	K	F	M
锻工	3	4	4	4	3	4	3	4	3
无线电修理工	3	3	3	3	2	4	3	3	3
细木工	3	3	3	3	3	4	3	4	4
家具木工	3	3	3	3	3	4	3	4	3
一般木工	3	4	4	3	4	4	3	4	3
电工	3	3	3	3	3	4	3	3	3
裁缝	3	3	4	3	3	4	3	2	3

注:（1）在查找职业能力倾向对照表之前,先将自评等级中的数值按照四舍五入的方法化为整数（例如 2.4 化为 2,2.8 化为 3）,再对照表格进行查找。

（2）如果认为查找出的职业类型不是很符合,也可以把自评等级数值化为小于或大于它的整数再进行查找（例如把 2.4 分别化为 2 和 3,再次进行查找）。

（3）如果计算出来的自评等级分值本来就是整数,则无须再改变。

项目回顾

1. MBTI 理论是如何解释个人性格在四个维度上的偏好的？

2. 能力倾向对职业发展有何影响？大学生应从哪些方面来提升个人的职业能力？

3. 霍兰德职业兴趣理论的主要内容是什么？

项目三

职业环境分析

项目导入

古语说“一方水土养一方人”“近朱者赤，近墨者黑”，说明环境对人的影响是潜移默化的，大家耳熟能详的“孟母三迁”的故事就说明此理。如果一个人身边所接触的人都是正直者，这个人很容易也变为正直的人；反之，友人皆为巧言令色者，这人也容易变为巧言令色者。对于事物的判断也是如此，当周围人都认为一个错误的想法是正确的时，有的人也会对自己的判断产生怀疑。当更多人都如此认为时，这个人就会接受这个错误的想法。

故人处世间，没有良师益友点拨就会随波逐流，如果周围是好的风气，则会受到好的影响，如果周围是坏的风气，则受到坏的影响。纵观世界历史，各种思潮、制度屡屡变更，每个时代的人多被那个时代的思潮、制度所影响，很少能跳出这种局限。

俗话说得好，“环境造就人”。环境能影响人，可以熏陶人，也能改变一个人，它能从多个侧面直接或间接地影响一个人的成长和发展，并支配一个人的思想道德行为。良好的环境能成就一个人，不良的环境也会给一个人的成长带来负面作用，当然这里的环境既指家庭环境，也指学校环境和社会环境。

思考：在做职业生涯规划时为什么要进行环境分析？

启示

使职业理想变成现实，需要分析和利用周围的环境，顺势而为，会事半功倍。对现存职业环境是否有深刻的认识，关系到大学生能否长期坚守自己的职业价值观，坚定职业生涯的发展方向，确立明确的职业目标和发展路径。

项目目标

1. 学会正确评估环境。
2. 掌握职业环境分析方法。

任务一

环 境 评 估

为了更好地进行职业生涯规划，必须对外部环境进行评估，通过分析外部环境弄清环境对职业发展的要求、影响及作用，对各种影响因素加以衡量、评估，并作出反应。环境评估主要包括对家庭环境、学校环境和职业环境等的评估。

一、家庭环境

任何人的性格和品质的形成及个人的成长都离不开家庭环境的影响，大学生在进行职业生涯规划时，应考虑家庭经济状况、家人期望、家族文化等因素对个人的影响。个人职业发展规划的确立，总是同自身的成长经历和家庭环境相关联。个人在成长过程中，在不同时期也会根据自己的成长经历和所受教育的情况，不断修正、调整职业生涯规划，并最终确立职业理想和职业计划。正确且全面地评估家庭情况，才能有针对性地设计适合自己的职业规划。对家庭环境的分析主要包括以下五方面内容。

（1）家庭关系。父母之间的关系、本人与父母的关系是否和睦？和谐的家庭关系对我们选择职业有什么影响？

（2）家庭生活环境。居住在城市还是农村？家庭出身如何？家庭成员的工作、爱好、性格、价值观等是怎样的？家庭生活环境对我们选择职业有什么影响？

（3）家庭经济状况。父母的工作、家庭的收入对我们选择职业有什么影响？

（4）家庭成员的受教育状况。父母的文化程度、兄弟姐妹的受教育情况等对我们选择职业有什么影响？

（5）家庭成员健康状况。父母、兄弟姐妹的身体状况如何？家人的身体状况对我们选择职业有什么影响？

在分析家庭环境时，要选择那些对自己职业选择有重要影响的因素，并主要分析这些因素对自己性格、价值观、能力等方面的影响，以及对自己选择职业的影响。

（一）原生家庭分析

美国著名家庭治疗师萨提亚（Virginia Satir）认为，一个人和他的原生家庭有着千丝万缕的联系，而这种联系有可能影响他的一生。那个我们从小长大的家，有爸爸妈妈，也许还有兄弟姐妹，这是第一个家，我们称之为原生家庭。我们的人格模式、行为模式都刻着原生家庭的烙印。可以说，家庭既是我们生涯发展的资源，又是我们生涯发展的限制。请填写表 3-1，分析自己的原生家庭关系。

表 3-1　原生家庭分析

与自己的关系	自己认可的方面	自己不认可的方面	对自己的影响
父亲			
母亲			
兄弟			
姐妹			
……			

（二）家庭职业树

绘制家庭职业树分为三个步骤。

第一步：访谈。罗列身边亲近的家属，依据表 3-2 的内容，对罗列的每一位家属分别进行访谈，访谈内容一定要涉及表 3-2 中的内容。

表 3-2　访谈内容

亲属	职业名称与工作内容	入职资格及入职过程	是否胜任？是否愉快？	若再次选择选何职业？为什么？	对我的职业发展的期待
爸爸					
妈妈					
爷爷					
奶奶					
外公					
外婆					
亲属 1					
亲属 2					

第二步：绘制家庭职业树。参考第一步表 3-2 中的内容来绘制自己的家庭职业树，如图 3-1 所示。

图 3–1 家庭职业树

第三步：观察你的家庭职业树，探索职业世界，回答下列问题。

（1）家庭成员从事的这些职业有哪些相似之处？

（2）哪些成员的职业观念对你有重要的影响，是怎样的影响？

（3）你本身的哪些兴趣或职业价值观念是来自家人的？

（4）家人对你有什么期待？你能否按照这些期待去发展？

（5）这些家庭成员的职业对你的未来发展有什么影响？

（6）家人对各职业的评价往往表现了他们的喜恶，你的家人最常提到有关职业的事是什么？

（7）你觉得家人对你未来选择职业的影响是什么？

（8）哪些职业你绝不考虑？

（9）哪些职业是你的选择范围？你目前的职业（专业）和这个范围的关系怎么样？

（10）选择职业时，你还重视哪些条件？

（11）通过对家庭职业的了解，你倾向于从事的职业是什么？

第四步：通过上面的绘制和探索，思考在这棵家庭职业树上，哪些是你生涯发展中的资源，哪些有可能成为限制。思考后建议与家长、老师或者同学一起讨论，你一定会有新收获。

二、学校环境

学校是学生成长成才的重要环境，任何一个人都必须重视和充分利用好学校这个环境。经济社会发展的形势和越来越多的事实证明，一个人进入大学学习，不能仅仅是为了一张文凭，更需要利用这个环境，学知识、练技能、正观念、养习惯、建关系、图发展。

（一）学知识

学知识是每一个学生的首要任务。一方面要利用一切机会尽可能多学习、掌握专业知识；另一方面要广泛学习国家政策法规，了解社会时事动态；还要深入吸收励志精华，加强自我修养，涉猎就业创业等方面的知识。

（二）练技能

练技能是大学生又一项基本任务。要充分利用学校的实验、实训活动以及社会实践活动，在学校教师及实训单位教师的指导下，练就一身过硬的专业技能，为实现“无缝就业”奠定基础。

（三）正观念

正观念，就是要求学生在学校专业教师、思想政治指导教师以及就业指导教师的指导下，通过了解国家方针政策、熟悉社会以及行业环境、加强自我修养等方式，逐步树立正确的人生观、价值观、择业与就业观。

（四）养习惯

养习惯，就是要求学生在学校学习期间，借助学校这个良好的环境，重视养成良好的习惯。良好的习惯可以使人终身受益。

（五）建关系

建关系，就是要充分利用学校这个大环境，建立起牢固的师生关系和稳定的同学关系。

（六）图发展

图发展，就是要求大学生在奠定好以上几个方面基础的同时，提前介入、着手规划自己的前途，最有效的方法是积极参与学校就业指导部门组织的各项职业生涯规划与就业指导活动，在教师的指导下，一步一步完善自我职业生涯规划，为图谋发展、大展宏图制订科学规范的行动指南。

我们可通过大学九宫格对学校环境进行探索，具体见表 3-3。

大学九宫格一共有 9 个模块，每个模块都要填写，并且每个模块至少有 3 个具体问题。在进行职业生涯规划时，我们可以对每个格子中的问题进行思考并为自己打分。

满分 100 分,60 分为及格。前 3 格均 60 分以上为合格,前 6 格均 60 分以上为优秀,9 格均超过 60 分为卓越,三层逐层递进。

表 3-3　大学九宫格

学习 (1)课程表上要求的课程有哪些 (2)除了课程表的内容,你还需学习什么 (3)基于自己未来的目标职业你需要积累什么 (4)你的学习习惯怎么样	专业 (1)你对自己的专业了解多少 (2)你是否喜欢自己的专业 (3)对自己专业的老师有何评价 (4)你从他们身上学到了什么	人际 (1)你感觉难以应对的人有哪些 (2)哪些场合让你感到不自在 (3)为了更好地适应社会,你打算从与哪些人处好关系开始
情感 (1)你怎么看待爱情、友情等 (2)你建立并维系亲密关系的能力如何 (3)他人对你的影响有哪些	身心健康 (1)你有没有坚持运动的习惯 (2)适合你的运动方式有哪些 (3)你如何保持自己的心情愉悦 (4)你如何处理焦虑、压力、沮丧等不良情绪	休闲娱乐 (1)你有哪些兴趣爱好 (2)你在业余时间会做哪些事情来让自己感受创造的成就感 (3)除了学习、工作之外,你做什么来愉悦自己
自我成长 (1)你的人生目标是什么 (2)你为此可以做哪些准备 (3)你现在做得怎么样	学校环境 (1)你对学校软件和硬件条件的评价如何 (2)你是否喜欢你所在大学的环境 (3)你学习继承了哪些学校文化	社会工作 (1)你是否参加过一些志愿服务或学校活动 (2)你怎样理解一个大学生的社会责任感 (3)你怎样看待社会公益组织?你在其中有什么样的收获

填写完上表后,思考下列问题。

(1)上表中有哪些内容是曾经被你忽略的?

(2)如果在未来希望提升的话,你希望主要在哪些方面改变呢?(建议不多于 3 个格子)

(3)如果从中选择一个格子着手做到比今天更好一点,你会选择从哪里开始?

三、职业环境

职业环境分析是要我们认清所选定的职业在社会环境中的发展过程和目前所处的社会地位,以及社会发展趋势对此职业的影响,包括职业的发展趋势,职业内涵中的社会分工、专门知识技能、创造财富的方式、报酬水平、满足需求的程度等因素的发展趋势。职业环境分析主要包括社会环境分析、行业环境分析和企业环境分析。

（一）社会环境分析

所谓社会环境分析，就是通过对社会大环境的宏观分析与把握，了解所在国家或地区的社会、政治、经济、法制、文化环境及其发展趋势。不仅关心当前的社会运行状况，更关注未来的发展态势，以寻找有利的职业发展机会。

中国目前经济繁荣，社会稳定，充满各种人才成长发展的机遇。大学生作为高端人力资源，有望获得更多更好的职业发展机会。

然而，在高等教育大众化的背景下，就业形势变得严峻。为了尽快找到一份工作，大部分高校毕业生能够适时地调整职业期望值。在以自我定位为基础，追求自我价值实现的转变中，大学毕业生既向往外资企业、国家机关、事业单位、国有企业的体制性保障，也开始更多地把目光转向基层，转向中西部地区，转向民营企业，希望通过职业实践提升自己的职业素养。“公务员热”“先就业再择业”“自主创业”“逃离北上广”“上岸”“跳槽”等多种职业现象出现了。

（二）行业环境分析

行业环境分析就是一个人对目前所在行业和将来想从事的目标行业的环境进行分析，包括行业的运作现状、行业目前的优势与问题所在、行业发展的前景预测、国际国内重大事件对该行业生存与发展的影响等因素。行业环境分析主要包括以下两方面内容。

1. 目前从事行业的性质

你现在从事的是什么行业？是加工制造型行业，还是咨询服务型行业？这个行业在我们国家是怎样一种发展趋势？是一个逐渐萎缩的行业，比如资源耗费大、造成环境污染的小型采矿业，还是一个朝阳行业，比如旅游业、管理咨询行业？这个行业是行政垄断行业、自然垄断行业，还是自由竞争行业？是暴利行业，还是薄利行业？是成熟性行业，还是新兴的成长性行业？是高端的科技型行业，还是中低端的传统型行业？

2. 国家产业政策解读

我们做职业生涯规划时，有必要研究国家在相关行业中的政策性规定。政府部门会根据国家宏观经济状况对一些行业发布法规与政策，如对一些行业实行鼓励、扶持政策；对另一些行业则加以限制，使其缩小规模，乃至逐步淘汰。国家政策还可能扶持一些地区优先发展，对某些专业人才的培养给予鼓励与支持，对某些职业的人员给予限制。这些政策，尤其是国家发展战略层面的产业政策，对职业和企业的发展会产生极其重大的影响。

（三）企业环境分析

企业是从业者赖以生存和发展的土壤。每个企业都有自己的发展目标、运作模式，了解企业的基本情况是成为企业一员的基础，便于自己以后迅速适应新环境。另一方面，为了生存和发展，企业本身也要随时关注和适应社会大环境的变化，并采取相应的变革措施，这必将影响到其成员的个人生涯。科学的职业生涯规划一定要把个人的发展与组织的发展结合起来考虑，二者相辅相成。

企业环境分析包括企业在本行业中的地位、现状和发展前景，所面对的市场状况，产品在市场上的发展前景，能够提供的岗位等，具体包括以下三方面内容。

1. 企业实力

企业实力体现在企业在社会中的地位和声望如何；企业目前的产品、服务和活动范围是什么；企业的发展领域在哪些方面，发展前景如何；战略目标是什么；技术力量和设施是否先进；企业在本行业中是否具备很强的竞争力，是在发展、扩张，还是处于一个很快就会被吞并的状态。

2. 企业领导人

很多成功的大企业都有一位出色的企业家掌舵领航。企业主要领导人的抱负及能力是企业发展的决定性因素。企业主要领导人是真心想干一番事业吗？他的能力足以带领员工开创新天地吗？企业领导有没有战略性的眼光和措施？企业领导尊重员工吗？这些是了解企业领导人时需要考虑的问题。

3. 企业文化和企业制度

企业文化是全体员工在长期的生产经营活动中形成并共同遵循的最高目标、价值标准、基本信念和行为规范，是影响企业经营效益的重要因素。如果个人的价值观与企业文化有冲突，难以适应企业文化，个人在组织中就难以发展。求职者需分析是否认同这个企业的文化，企业的文化是否与自己的价值观相符。

企业制度涉及的范围比较广，包括管理制度、用人制度、培训制度等。应尽可能多了解这些信息，了解企业在组织结构上的特征与发展变化趋势，分析这种安排对自己的未来可能带来什么样的影响。特别要注意企业用人制度如何，是否能提供教育培训机会，提供的条件是什么。

拓展阅读

临近毕业，安徽某高校的应届生小李还没有找到就业单位，非常着急，他四处奔波，并在网上加紧收集信息。一天，他在网上发现这样一条信息：沿海某城市的人才市场于近日举办大型毕业生与用人单位供需见面会，参加单位将达数百家，一些世界著名的跨国公司，国内著名的高科技公司、大型企业集团届时都将前来招聘大批毕业生，盛况空前，欢迎全国各地的毕业生踊跃参加。

小李看到后非常高兴，连忙将这一好消息告诉其他尚未找到工作的同学和老乡，最后一共有 20 余位毕业生组成一个“应聘团”，浩浩荡荡地结伴前往。他们以为这次有这么多著名公司参加，一定能如愿以偿。当他们风尘仆仆、兴致勃勃地赶到供需见面会现场，购买了价格不菲的门票入场后，看到的一切让他们大失所望。他们不但没发现所谓的世界著名公司的影子，连国内一些大公司也难觅踪影，大多是一些不知名的小公司、小企业滥竽充数，有些公司还要收取报名费，一看就让人提心吊胆、难以放心。

小李一行连呼上当，愤慨不已，但也无可奈何，同时受骗的还有来自全国各地其他院校的许多毕业生。

小李他们这次结伴求职，花费了许多的时间和精力，精心准备了个人求职材料，讨论了可能会出现的问题和与这些著名公司面试要注意的细节等。可以说，他们考虑周全，就是没想到这场供需见面会是一场骗局，这对他们本来就焦虑的心理来说无疑是雪上加霜。而小李更觉得对不住同学和老乡，没想到好心办了坏事，让他们遭受了不必要的损失。

这个案例告诉我们，如果在职业生涯与职业规划过程中未对社会及职业环境有一定的了解，就很容易被虚假的信息所欺骗。因此，在做职业规划时，要充分考虑社会环境方方面面的情况。

任务二

职业环境分析方法

职场就像一片浩瀚的大海，职业种类繁多，关系错综复杂，对职业环境的探索既需要时间，更需要科学有效的方法。

一、从所学专业了解职业环境

专业是指人类在社会发展、科学技术进步的过程和生产生活实践中，用来描述职业生涯某一阶段、某一人群，以及为谋生而长期从事的具体业务的作业规范，也指高等学校或中等专科学校根据社会发展的需要设立的学业类别。

我们所学的专业会影响我们的职业规划和选择。对专业知识的学习和实践是每位大学生的基本任务，也是我们在大学期间投入精力和时间最多的内容。随着专业知识基础的不断夯实，知识框架的不断完善，我们在专业领域会积累一定的基础。在进行职业规划时，要和专业紧密结合。要想了解所学专业，首先需要了解下列内容。

（1）你所学专业是什么？所修课程有哪些？

（2）获得你所学专业学士学位的人应当有什么样的知识技能、可迁移技能和自我管理技能？

（3）拥有上述能力的人可以从事哪些工作？

（4）你对所学专业是否感兴趣，为什么？

二、从实践中了解职业环境

积极争取参加实习（包括兼职、参观）的机会，深入了解职业环境。实践是验证梦想真实性的关键环节，实习分为顶岗实习和影子实习。实习的过程可以让自己深入了解职业环境，验证职业库中所列职业是否是自己的真实意愿，还可以拓宽职业视野，探索更多可能性；既可以尽早明确自己适合什么职业，又可以使用人单位了解自己，实现双赢。

在实习前，首先要考虑下列问题：你有实习的打算吗？准备何时到什么单位去实习？

三、从生涯人物访谈中了解职业环境

生涯人物访谈，是通过与一定数量的职场人士，特别是在自己倾向的行业、单位、岗位上工作了三年以上的职场人士进行交谈，从而获取关于这个行业、职业和单位内部信息的一种职业探索活动。通过访谈，了解该职业岗位的实际工作情况，获取相关职业领域的信息，进而判断自己是否真的对该工作感兴趣，这实际上是一次间接、快速的职业体验。

在访谈前，首先要考虑下列问题：你准备访谈谁？他在什么单位？具体是做什么工作的？为什么选他？

四、从招聘会、宣讲会、人才交流会中了解职业环境

招聘会一般由政府所辖人才机构及高校就业中心举办，主要服务待就业群体及用人单位，它一般分为现场招聘会和网络招聘会，日常所讲的招聘会通常是指现场招聘会；宣讲会一般是企事业单位在社会公共场合、校园等场所开设的与宣传、拓展及招聘相关的主题讲座；人才交流会是指由政府人才交流机构（人才市场或人力资源市场）或具有人才中介服务资质的部门组织举办的供用人单位和求职者面对面洽谈的招聘会。通过招聘会、宣讲会、人才交流会中透露的职业信息可以了解职业环境。

五、从微观层面了解职业环境

我们通常把从小的方面、局部方面研究与把握的情况称为微观信息。如了解到的具体行业、具体单位、具体岗位、地域信息等即为微观职业环境信息。

探索微观职业环境信息对职业选择有着决定性作用。这个单位的这份工作是否能满足自己的兴趣爱好、自己的性格是否与该单位的文化相适应、自己具备的技能能否满足工作要求、工作是否能满足自己的价值追求等，都需要通过了解微观职业环境的信息获取答案。

从现实中我们了解到，人们从事的某个具体工作在许多单位都有，如财务部门、人力资源部门几乎所有单位都存在；而这么多单位又分布在不同的行业里，如农业、医疗、航天、教育等；不同行业里的单位又分布在不同的地域。每个求职者有着千差万别的追求，因此，需要了解的微观职业环境既包含岗位和单位，又包含行业和领域。

那么，我们需要对微观职业环境了解些什么，又需要分析些什么呢？

（一）了解和分析职业

对职业需要了解和分析的内容见表 3-4。

表 3-4 对职业需要了解和分析的内容

需要了解的内容	需要分析的内容
（1）该职位的主要职责是什么，常规的工作内容是什么 （2）该职位要求什么样的技能、学历或证书 （3）该职位需要什么样的个性特质，在这个职位的优秀员工都有什么共同特征 （4）该职位的薪酬福利、工资梯度大概是怎么样的 （5）这个职位日常所面临的问题和挑战有哪些，解决的办法是什么 （6）该职位晋升空间和路径是怎样的 （7）要进一步获得更多关于职业的信息，有什么相关的书籍、杂志或者网站可以查阅 （8）自己关心的其他问题	（1）对于这个职位，目前我有哪些优势？我还欠缺哪些技能 （2）如果要进入这个职业，我现在需要通过什么方法提升欠缺的技能 （3）我对这个职位比较满意的是什么，特别满意的是什么？如有些方面不满意是否愿意去从事该职位 （4）工作中要用到的技能知识有哪些 （5）如果要成为这个职位的精英，我需要发挥自己哪方面的优势 （6）要在这个行业一直发展下去，我还需要什么能力与资历

（二）了解和分析职业所在行业

对职业所在行业需要了解和分析的内容见表 3-5。

表 3-5 对职业所在行业需要了解和分析的内容

需要了解的内容	需要分析的内容
（1）该行业的发展趋势如何？是否有季节性或地理位置的限制 （2）该行业大概有哪些类别，各自有什么特征 （3）该行业核心公司、新兴公司、发展速度最快的公司有哪些，分布在哪些地域 （4）该行业薪水范围是多少 （5）该行业的人们对其从事的工作有何满意或不满意之处 （6）该行业的人才供需状况如何 （7）需要了解的其他内容	（1）该行业处于行业发展的哪个阶段（曙光、朝阳、成熟、夕阳、流星） （2）分布于不同地域的单位发展状况如何 （3）自己倾向于该行业的什么单位，为什么 （4）这个单位在哪个地域 （5）其他

（三）了解和分析职业所在单位

对职业所在单位需要了解和分析的内容见表 3-6。

表 3-6　对职业所在单位需要了解和分析的内容

需要了解的内容	需要分析的内容
（1）该单位具体是做什么的？产品和品牌有哪些，优势是什么，发展趋势如何 （2）该单位属于哪个行业，所处行业的发展前景如何（欣欣向荣、停滞不前、逐渐没落） （3）该单位的企业文化是怎么表述的，内涵是什么，是如何形成的？该单位曾经历了哪些重大事件 （4）该单位的管理者是如何管理单位的，如何对待员工和客户的 （5）该行业和新闻媒体是如何评价该单位的 （6）这个单位的地理位置 （7）关心的其他问题	（1）我对该单位所做的事情是否感兴趣 （2）我对该单位的企业文化理解吗，是否认可 （3）我参与竞争进入该单位的核心优势是什么

（四）了解和分析职业所在地域

对职业所在地域需要了解和分析的内容见表 3-7。

表 3-7　对职业所在地域需要了解和分析的内容

需要了解的内容	需要分析的内容
（1）这个地域的交通情况如何 （2）这个地域的生活质量、消费环境、气候状况如何 （3）这个地域的主要经济结构有哪些 （4）这个地域的房价怎么样 （5）这个地域的文化主要有哪些 （6）这个地域人均收入怎么样 （7）国家、省市对这个地域有什么支持的政策 （8）这个地域的城市定位和特色是什么 （9）这个地域最近几年的发展战略是什么 （10）关心的其他问题	（1）这个地域的什么内容吸引你 （2）对这个地域不太满意的是什么 （3）如何平衡不太满意的地方

项目训练

根据实际情况，结合自己所学的专业，选择一个具体职业与一家具体企业，对其进行职业环境分析，并填写表 3-8。

表 3-8 职业环境调研

所选职业：		单位名称：	
序号	调研项目	调研结果	信息来源渠道
1	行业前景		
2	劳动力状况		
3	工作内容及性质		
4	从业人员特征		
5	薪酬待遇		
6	工作环境及条件		
7	企业文化		
8	企业制度		
9	公司主要领导人能力		
10	培训机会		
11	其他		

根据以上收集到的信息，你能得到的结论是什么？

项目回顾

1. 环境评估主要包括哪些方面的评估？
2. 如何分析职业环境？

项目四

职业生涯目标规划

项目导入

由网络小说改编的电视连续剧《琅琊榜》讲述了这样一个故事：号称天下麒麟才子的江左梅郎梅长苏以病弱之躯及坚定的人生信念和大智大勇，巧妙地利用太子、誉王之间争夺王位的矛盾，步步设局，逐个清除佞臣，辅助不为皇上、大臣们看好的靖王一步一步登上皇位；同时，也实现了他的人生目标——让7万名遭奸人诬告而被视为叛军，遭到剿灭的赤焰军将士沉冤昭雪。

这个故事发人深省，当一个人树立了远大目标后，为了实现它，你必须将它转化为一个个具体的行动措施，并且坚定信念，认真落实各项措施。因为要实现每一个目标，还需要许多的先决条件，如有效的计划、有效的行动等。

所谓有效的行动，就是行动要始终围绕着目标进行。就像射箭一样，无论从哪个方向射，都要对准靶心，这样才能使自己的行动成为有效的行动。要做到这一点，就要对自己的行动加以强化和约束。

思考：为实现自己的职业目标我们该怎么做呢？

启示

当一个人树立了远大的目标后，为了实现人生目标，他会勤奋工作、积极行动。但是，他可能奋斗一生，仍旧两手空空，一事无成。因为并不是每一分付出都能带来一分收获，要实现目标还需要许多的先决条件：有效的目标、有效的计划、有效的行动等。

项目目标

1. 了解职业生涯目标分解和组合的方法。
2. 认识实现职业生涯目标的途径和措施。
3. 学会正确评估自己的职业生涯。

任务一
职业目标及其类型

美国一本名为《无限的能力》的书中曾有一个例子：有人在1983年对美国耶鲁大学应届毕业生进行了一次关于“你毕业后的目标是什么”的问卷调查，统计结果发现，有3%的学生有明确的目标，97%的学生基本上没有明确的目标。20年后，有人去追踪所有参加了问卷调查的学生现状，结果令人吃惊：3%的人拥有的财富总和比97%的人的财富总和还多得多。20年前仅仅是目标的有无差异，20年后却形成了如此大的差距。

无独有偶，美国哈佛大学也有一项关于目标对人生影响的跟踪调查。其调查对象为一群智力、学历、环境等条件大体相同的年轻人，结果显示：3%的人有清晰且长期的目标，25年中从未改变过目标，并总是朝一个方向不懈地努力，他们在25年后几乎都成为社会各界的顶尖成功人士，其中不乏创业者、行业领袖和社会精英。10%的人有清晰的短期目标，这些人大都生活在社会的中上层。他们的共同特点是：不断完成预定的短期目标，生活状态步步上升，25年后他们成为各行各业不可或缺的专业人才。60%的人目标模糊，他们能安稳地生活与工作，但却没有什么特别的成就。剩下27%的人是那些25年来没有目标的人群，他们几乎都生活在社会的底层，常常失业，靠社会救济，生活很不如意，并且常常抱怨他人、抱怨社会、抱怨世界。

调查者因此得出结论：目标对人生有巨大的导向作用。所以，确定职业生涯目标是大学生职业生涯规划最重要的一环。

一、目标与职业目标

（一）目标的含义

目标，意思是射击、攻击或寻求的对象，也指想要达到的境地或标准。如沈从文《题记》：“由我自己说来，我所有的作品，都还只能说是一个开端，远远没有达到我的目标。”

目标是对活动预期结果的主观设想，是在头脑中形成的一种主观意识形态，也是活动的预期目的，为活动指明方向。目标具有维系组织各方面关系及构成组织方向的核心作用。

（二）职业目标的含义

职业目标是指个体渴望获得的与职业相关的结果，是个体所选定的职业领域中未来某时刻所要达到的具体成就。

设定职业目标是职业生涯规划的核心内容，具体作用表现在：①有助于激励个体朝向目标努力；②有助于个体选择实现目标的战略战术；③有助于个体的生涯成功，影响和引领个体现实的行为表达方式；④有助于个体衡量自己行为结果的有效性，提供即时的积极反馈。

大学生的职业目标是指大学生根据社会期望和自身发展的需要而选择的自我奋斗目标和发展方向，它不仅为大学生的自我发展提供导向作用，而且能够充分调动大学生的积极性、主动性和创造性。

二、职业目标的类型

（一）概念性职业目标

概念性职业目标属于哲学层次上的一个目标，与具体的工作和职位无关，它所表达的是工作任务的性质、场所和全部的生活方式，反映的是个体的价值观、兴趣、才能和生活方式偏好。

（二）操作性职业目标

操作性职业目标是将概念性职业目标转换为一种具体的工作或岗位，如获得某公司的市场调研部经理或市场总监职位。在设计职业目标时，个体要在概念性和操作性这两个目标层次上进行认真分析和权衡。

（三）短期与长期的职业目标

从时间维度看，职业目标可以分为短期目标与长期目标。长期目标的时间跨度是5~7年，短期目标的时间跨度是1~3年。表4-1是某人力资源经理助理所设定的短期和长期职业目标。

表4-1　某人力资源经理助理的职业目标

	短期目标	长期目标
概念性目标	承担人力资源管理的职责 学习人力资源的知识和技能 创造更多机会与经理互动沟通	参与公司的人力资源战略规划活动 参与公司的长期发展规划 参与公司的政策制定与执行
操作性目标	2~3年内成为公司的人力资源经理	6~8年内成为公司的人力资源总监

任务二
大学生职业生涯目标的确定

某调查显示，大学生群体中有明确职业目标的占13%，有目标但不很明确的占25%，没明确职业目标的达到62%。这个调查结果反映了当前大学生求职过程中的困惑心理和盲目行为，暴露了大学生职业目标的严重缺失。

一、职业目标的设定

（一）选择职业生涯发展路线

职业生涯发展路线是指一个人未来的职业发展方向。不同的生涯发展路线对从业者的素质要求有所不同，并影响其日后的职业生涯发展。生涯发展路线呈现为一个自下而上的职业阶梯，如大学教师的生涯发展路线是助教—讲师—副教授—教授，企业财务人员的职业发展路线是会计员—主管会计师—财务部经理—公司财务总监。

不同素质的个体适合的职业生涯发展路线会有所不同。例如，有人适合从事研究工作，可在科学技术领域获得突破；有人适合管理岗位，可成为一名优秀的管理者或领导者。职业生涯发展路线的类型有：①专业技术型路线。它是一种技术职能取向的专业路线，需要从业者具备特定的知识、能力和技术，尤其是良好的分析与综合能力。②行政管理型路线。它是一种管理职能取向的路线，以从事一定的管理岗位为目标，对一个人的综合素质，尤其是处理人际关系的技能要求较高。其生涯发展阶梯一般是从基层职能部门开始，然后向中级部门和高级部门逐步提升，管理权限越来越大，所承担的责任也相应增加。③自我创业型路线。它是一种以自主选择和自由发展为特色的生涯阶梯，客观上要求具备创业的良好机会和适宜创业的社会土壤，主观上则需要创业人员具有较高的创造性、强烈的成就动机、较高的心理素质和承担风险的意识与能力，善于开拓新领域、新产品和新思维。

（二）选择职业目标

职业目标的选择流程通常表现为：自我认知—职业认知—职业目标确立。职业目标的确立是建立在自我认知和职业认知的基础之上的，其内部过程可以用图4-1呈现出来。

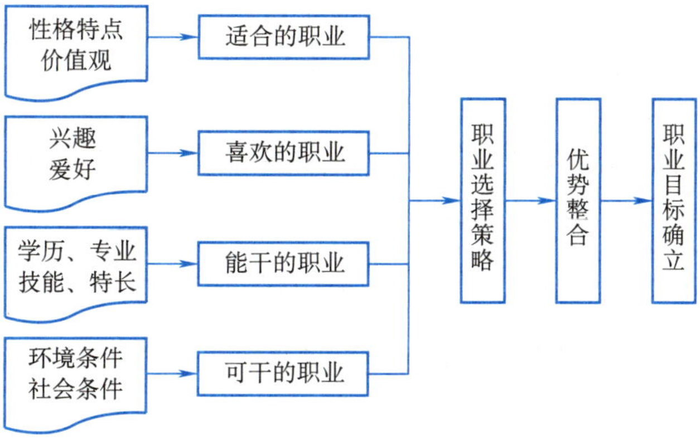

图 4-1　职业目标选择的一般流程

由图 4-1 中我们可以看到，自我认知的结论作为职业目标确立流程的起始因素，影响着个人对职业目标的判断，进而结合职业认知的观念使得我们对职业产生了不同的划分，即适合的职业、喜欢的职业、能干的职业和可干的职业，我们通常把这称作职业定向。到这里，我们基本上对职业有了一个相对个性化的判断，也有了一个职业目标选择的大致方向，我们称之为职业目标选择的第一阶段，即个体认知阶段。接着，我们进入这个流程的第二阶段，即分析评估阶段，这个阶段包括明确个体职业选择策略和优势整合两个步骤。职业选择策略指的是在面对众多的职业选择对象时个体所采取的选择方针和选择方法。从利益最大化原则来看，每个人在选择职业的时候一般总希望选择那些适合自身特点且有发展前途的职业作为目标。也就是说，该职业应该既是适合自己的，又是自己喜欢的、自己能干的和可干的。然而，这样的职业目标可能对于某些选择者来讲不止一个，那么他就必须从多个目标中作出取舍；而对另一些人来讲，也许这样理想的目标一个也没有，因此就必须退而求其次，比如选择适合自己能干、可干但不一定喜欢干的职业作为目标，这就是优势整合阶段。最终，选择者会进入最后一个阶段，即目标确立阶段。在此阶段，选择者必须既考虑个人实现目标的资源和精力，又要考虑其中可能会面临的风险，因而目标的最终保留数量一般不应该超过三个（多则精力达不到），且至少应该有一个。保留多个目标的人，还应考虑协调几个目标之间的关系，争取使它们之间具备互补支撑和相互替代的关系；在达成目标方面有缺陷的选择者，从确立该目标之日起，就应该着手创造条件、弥补缺憾，力争在条件改善、资源改造、个体能力增强的同时使目标得以实现。

在实际操作中，对于一个人的职业发展来讲，仅做一次这样的职业目标选择往往是远远不够的，在面临学业方向改变、就业前景考察、职位升迁等状况时，更需要在反复审视和循环发展中多次运用这一流程。所以，熟悉这一流程，对个人的职业目标确立乃至实现显得尤为重要。

二、职业生涯目标确立的原则

目标确立是在自我觉醒的基础上，对自己未来职业生涯的一个初步构想。在确立职业目标时，可遵循 PE-SMART 原则。

（一）P——Positively Phrase：运用正面词语

目标要多用正面的词语或肯定的语气来描绘期望的结果，说出我们希望的而非不希望的。

（二）E——Ecologically Sound：符合整体平衡

确立目标时需要考虑与我们关系密切者的关注点。我们的目标应该考虑是否损害我们周围的人，是否对社会有利，有没有违背法律。我们达成目标的过程中以及目标实现时，所产生的结果是否符合“三赢原则”（你好、我好、大家好）。唯有当我们的目标能够对周围的人、事、物有利的时候，我们才会获得更多的支持，同时我们的内心也会有更多的平衡感和力量感。这些都是帮助我们达成目标的有力保证。

（三）S——Specific：目标明确

目标即用具体的语言清楚地说明要达成的行为标准。拥有明确的目标几乎是所有成功者的一致特点。

（四）M——Measurable：可度量

目标不能只是停留在思想上的口号。制定目标是为了取得进步，需把抽象的、无法实施的、不可衡量的大目标具化成为实际的、可衡量的小目标。

（五）A——Achievable/attainable：可完成 / 可实现

目标要可以在现实条件下通过努力而达成。这包含两方面的含义：一是目标必须是合理的，在个人的控制范围之内；二是目标要有一定的挑战性，执行者通过一定的努力提高目前的能力有希望实现目标。

（六）R——Rewarding：成功时有足够的满足感

我们需要想象目标达成时我们的状态是什么：我们会在什么地方？与什么人在一起？做着哪些事情？充分调动自己的视觉、听觉、触觉、嗅觉等感官去感受未来目标达成时的样子。

（七）T——Timebound：有时间期限

目标要规定开始时间和完成时间，以克服人的惰性。没有时间限制的目标是无法考核的，也会让执行者失去紧迫感，从而降低积极性，使目标的实现一拖再拖；但过分的紧张感会使人焦虑、疲惫，甚至放弃。把目标进行分解再界定时间，会让行动计划更有节奏。

三、确立职业生涯目标的注意事项

一个人要获得事业的成功，应当按照人生成功的规律来制定行动的目标。也就是说，一个未来的成功者，必定是一个目标意识很强的人。所谓“目标意识”，就是头脑中始终有清晰的目的，就像是准确控制的导弹一样，一直“咬”着目标不放，直到击中目标为止。当这个目标实现以后，他又会盯住下一个目标，直到事业的成功。制定自己的职业目标并没有想象得那么难，只要考虑一下你希望在多少年之后达到什么目标，然后一步一步往回推算就可以了。人生要确立一个什么样的事业目标，这要根据主客观条件和可能性来设计。每个人的条件不同，所以目标也不可能完全相同，但确定目标的方法是相同的。

（一）符合社会与组织需求

职业生涯目标如同一种“产品”。这种“产品”有市场，才有“生产”的必要。因此在确定职业生涯目标时，要考虑到内外环境的需要，特别是要考虑到社会与组织的需要，有需求才有位置。

（二）适合自身特点

不同的人有不同的特点。将目标建立在个人优势的基础上，就能左右逢源，处于主动有利的地位。大学生要选择与自身长处相符或相近的目标。人之才能，各不相同。目标选择不能偏离自身长处，否则便是自己跟自己过不去，自己为自己设置前进道路上的障碍。有的人选择职业生涯目标时违背了以上原则，把爱好与特长画等号，或者盲目追逐世俗的热点，就容易误入歧途。

（三）高低恰到好处

职业生涯目标是高一些好，还是低一些好？总的来看还是高一点好。苏联无产阶级作家高尔基说过：“我常常重复这一句话，一个人追求的目标越高，他的才能就发展得越快，对社会就越有益；我确信这是一个真理。这个真理是由我的全部生活经验，即我观察、阅读、比较和深思熟虑过的一切确定下来的。”大学生应追求符合实际的远大目标。在与实际相符合的范围内，自我确定的目标越高，其发展前途就越大。做到“志存高远”，当前的行动要立足于现实，心中要有符合实际的崇高而远大的抱负，如此则前途无量。有了远大的目标，能起到激励作用，能促进学习，改进工作方法，为达到目标而发奋工作。所定目标如果仅限于自己能力范围之内，只求工作轻松省力，回避新的激励，结果就会使人陷入畏缩不前、消极保守的状态。

值得注意的一点是，目标不是理想，不是希望，而是理想与希望的具体化。理想是对未来事物的想象或希望，是一种崇高的精神境界，而目标是现实的，是具体的。目标与理想的关系是：目标指向理想，二者虽有联系，但不能相互替代。

（四）专业面不宜过宽

奋斗目标有高有低，专业面有宽有窄。在职业生涯规划中目标选择是宽一点好，还是窄一点好呢？一般来说，专业面越窄，所需的力量相对越少。也就是说，用相同的力量面对不同的工作对象，专业面越窄的，其作用越大，成功的机会越多。所以，职业生涯目标的专业面不要过宽，最好是选一个窄一点的专业范围，把全部身心力量投放进去，较易取得成功。例如，某人想成为一名管理专家，此目标确定得太宽，因为管理包括许多领域，一个人的精力有限，要想成为各方面的管理专家，有点不太现实。但如果你想成为一名企业战略管理或品牌管理的专家，经过若干年的努力，就有可能实现。

（五）长短配合恰当

职业生涯目标是长期的好，还是短期的好？答案是应该长短结合。长期目标为人生指明了方向，可鼓舞斗志。短期目标是实现长期目标的保证，没有短期目标，也就不会有长期目标的实现。特别是在职业生涯发展过程中，通过短期目标的达成，能体验到达到目标的成就感和乐趣，鼓舞自己为了取得更大的成就，而向更高的目标前进。但是，只有短期目标，看不到远大的理想，也会影响理想的激励作用，还会使事业发展摇摆不定，甚至偏离发展方向。

（六）同一时期目标不宜多

就职业生涯目标而论，同一时期目标不宜多，而应集中为一个。目标是追求的对象，你见过同时追逐五只兔子的猎手吗？所谓“一只手抓不起两条鱼”也是这个道理。

有的大学生年轻气盛，自认为高人一等，同时设下几个目标。我们的忠告是：那样的话可能一个目标也实现不了。这不是说你不能设立多个目标，而是你可以把它们分开设置。具体来说，就是一个时期一个目标，拉开时间距离，实现一个目标后，再实现另一个目标。

（七）目标要明确具体

目标就像射击的靶子一样，清清楚楚地摆在那里。干什么，干到什么程度，要有明确具体的要求。比如，从事某一专业，需要学习哪些知识，达到什么程度，都要明确、具体地确定下来。目标明确不仅指业务发展目标明确，而且与之相应的其他目标也要明确具体。比如，学习进修目标、思想目标、经济收益目标、身体锻炼目标等，这些目标也要有明确的要求。同时这些目标要做到互相配合、共同作用，促进个人的身心、生活和事业的全面发展。无论是什么目标都应有“度”的要求。所谓“度”，一是时间，二是高度和深度，只有这几个方面全面结合，才能成为明确的目标。

（八）职业生涯目标要与生活目标结合考虑

人生除了职业生涯外，还有财富、婚姻、健康等问题。这些问题都直接影响着人生的发展和生活质量。所以，财富、婚姻、健康也是人生的重要组成部分，在制定职业生涯目标时应加以考虑。一个人立志创一番事业，物质基础是必要的，没有一定的物质基础，事业也难以得到发展。所以，在制定职业生涯目标时，适当地对个人收入问题加以设计是非常必要的。设计的方法是根据需求和实际能力，把渴望得到的金钱数量，用数字表达出来。婚姻也是人生中一件大事，处理得好，有助于事业的发展，一生幸福；处理不好，不但影响事业的发展，而且终生痛苦。人人都希望健康、长寿，事业发展也离不开健康，所以要注意锻炼身体。

你的职业生涯目标一旦确定，就不用去在意别人的闲言碎语，不用看别人的脸色行事。你要明白：规划好你的人生，设计好你的职业生涯，是你的义务、你的责任、你的权利。伟人与凡夫俗子的最大区别就是：前者懂得事先设计自己的一生，后者则不懂得或不愿意计划自己的人生。你拥有了接受高等教育的机会，在此期间做好职业生涯规划，正是夯实你事业基础的最佳方法。

任务三

大学生职业生涯目标的实现

职业生涯规划能否实现,很大程度上取决于能否立即行动。俗话说:心动不如行动。因为只有行动,才有成功的可能性,只有从现在做起,才能完成你的人生规划。如果没有行动,计划就毫无价值,目标也就失去了意义。苦思冥想,谋划如何有所成就,是不能代替实际行动的,没有行动的人,只是纸上谈兵,成不了大业。大学生要使自己的职业生涯规划变为现实,就必须按照计划去行动。

一、实现职业生涯目标的途径

职业生涯目标的实现不可能一蹴而就,需要将目标分解实施。将职业生涯长期的远大目标进行科学分解和组合,使其清晰化、具体化,便形成了可采取的具体步骤和可操作实施的具体方案。

(一)职业生涯目标分解

职业生涯的实现过程可以用一系列的阶段来表示。目标分解是将目标清晰化、具体化的过程,是将目标量化成可操作的实施方案的有效手段,即根据观念、知识、能力差距,将职业生涯的远大目标分解为有时间规定的长、中、短期目标,直至将目标分解为某个确定时期内可以采取的具体步骤。

我们可以采用按时间分解和按性质分解两种途径来分解目标,如图 4-2 所示。

1. 按时间分解

按时间分解是最常用并且也很容易掌握的目标分解方法,职业生涯目标可分解为最终目标、长期目标、中期目标、短期目标。

(1)区分最终目标与阶段目标

在经过自我评估和环境评估后,求职者就会确定一个总体目标。这个总体目标是我们的最终目标,即人生目标。最终目标取决于一个人的价值观、知识储备、能力水平,是对自身条件、社会环境等主客观因素进行大量分析之后得到的结果。心理越成熟的人,就会越早地确定自己的最终目标,并朝这个目标努力前进。反之也有人直到退休,也不清楚自己到底要干什么。最终目标只有与自己的价值观相符才是有效的,并且一

- 目标分解
  - 按时间分解
    - 最终目标
    - 长期目标
    - 中期目标
    - 短期目标
  - 按性质分解
    - 内职业生涯目标
      - 工作能力目标
      - 工作成果目标
      - 心理素质目标
      - 观念目标
    - 外职业生涯目标
      - 职务目标
      - 工作内容目标
      - 经济目标
      - 工作地点目标和工作环境目标

图 4-2　职业生涯目标分解示意图

经确定就不要再频繁更改。

（2）最终目标分解为长期目标

把最终目标分解为若干个长期（5～10 年）目标，每个阶段都有一个具体的目的。它应该具备以下特征：有长远目的、非常符合自己的价值观、与社会发展需求相结合、富有挑战性和创造性、考虑风险、能够用明确的语言定性地描述、一定时间范围内可行、一经实现会带来巨大的成就感和易于分解操作等。

（3）长期目标分解为中期目标

每一个长期目标可以继续分解成若干个中期（3～5 年）目标。它应该具备以下特征：与长期目标一致、具有全局眼光、基本符合自己的价值观、自我与组织环境相结合、有创新性、有灵活性、能够用明确的语言量化描述和环境支持等。

（4）中期目标分解为短期目标

我们还可以继续将中期目标分解为若干个短期（1～2 年）目标。与长期目标和中期目标相比，短期目标更要求有操作性和灵活性。它应该具备以下特征：与最终目标和长期目标相一致、适应组织环境需求、灵活简单、未必与价值观相符但可以接受、具有可操作性、切合实际、确能实现、朝着长期目标前进。

具体分解方法见表 4-2。

表 4-2　按时间分解职业生涯目标

目标	内　　容
最终目标	你想成为什么样的人 你想做哪件大事或哪几件大事 你想成为哪一领域的佼佼者 你想发挥自己哪些方面的优势和特长

（续表）

目标	内　容
十年计划	今后十年你想成为什么样的人 事业上有什么成就 收入达到多少 你的家庭及健康水平如何 你的生活状态和社会地位怎样
五年计划	将十年计划进一步具体化，把目标进一步分解
三年计划	使五年计划更具体，制订自己的行动准则
明年计划	制订实现明年计划的步骤、方法和时间表，并确保这些是切实可行的
下月计划	包括下个月计划做的工作，应完成的任务，质和量方面的要求，财务上的收支预算，学习计划，结识新朋友的计划，等等
下周计划	在每周末提前制订好下周的行动计划，把下月计划中的一部分分解在下周完成
明日计划	计划明天要做的事，分清轻重缓急，制订出执行的顺序和对应的时间

2. 按性质分解

按性质分解，职业生涯目标可分解为外职业生涯目标、内职业生涯目标。其中，外职业生涯目标包括职务目标、工作内容目标、经济目标、工作地点目标和工作环境目标等。内职业生涯目标主要包括工作能力目标、工作成果目标、心理素质目标、观念目标等。

（1）外职业生涯目标

外职业生涯是指经历一种职业（由教育开始，经工作期，直到退休）的道路，包括职业的各个阶段：招聘、培训、提拔、奖惩、解雇、退休等。具体来说，外职业生涯是指从事职业时的工作单位、工作地点、工作内容、工作职务、工作环境、工资待遇等因素的结合及其变化过程。许多人以为职业生涯发展就是换更好的工作，或是得到职位的提升，或是增加工资福利，其实这只是职业生涯发展的一部分。外职业生涯构成因素通常是由别人给予的，也容易被别人收回。外职业生涯因素的取得往往与自己的付出不符，尤其是在职业生涯初期。有的人一生疲于追求外职业生涯发展的成功，但内心极为痛苦，因为他们往往不了解外职业生涯发展是以内职业生涯发展为基础的。

外职业生涯目标具体包括以下目标。

①职务目标。大学生具体明晰的职务目标是“专业”加职务。

②工作内容目标。在现实生活中，能够达到高层职位的毕竟是少数，而且能否晋升很大程度上并不取决于我们自己。所以建议大学生把外职业生涯目标规划的重点移到工作内容目标上来，即把在某一阶段计划完成怎样的工作内容详细列出来。工作内容目标对于选择了专业技术型发展路线的人来说格外重要，因为这些人的发展体现在本

专业技术领域取得的成果及相应的职称晋升，所以具体可行的工作内容目标才是规划的重点。

③经济目标。获得经济收入是我们工作的一大目的，毕竟每个人都离不开生存的物质基础。大学生在职业生涯规划中列出收入期望无可非议，但要注意的是切合自己的能力素质和实际，大胆规划出一个具体的数字，这个数字将在日后成为你的重要激励，不要含糊不清或压根就不敢写。

④工作地点目标和工作环境目标。如果你对工作地点或工作环境有特殊要求，就要在规划中列出这两项内容。总之，尽可能根据个人喜好来规划，但切勿太过琐碎，以免影响选择面。

（2）内职业生涯目标

内职业生涯是指从事一项职业时所具备的知识、观念、心理素质、能力、内心感受等因素的组合及其变化过程。内职业生涯更多地注重所取得的成功或主观感情的满足以及工作事务与家庭事务、个人休闲等其他需要的平衡。内职业生涯各项因素要靠自己的主观努力才能实现。内职业生涯的发展是外职业生涯发展的前提，内职业生涯发展了，外职业生涯自然提升。因此，大学生应当充分重视内职业生涯的发展，认清它在个人职业生涯乃至整个人生发展中的关键性作用。尤其是在职业生涯的早期和前中期，一定要把对内职业生涯各因素的追求看得比外职业生涯更重要。

内职业生涯目标具体包括以下目标。

①工作能力目标。工作能力是处理职业生涯中各种工作问题的能力的统称，如组织领导能力、策划能力、管理能力、研究创新能力、人际关系沟通能力、与同事协调合作的能力等。衡量一个人的职业生涯成功与否，不在于他是否当上高官、赚到多少钱这些外在表征，而在于他工作的过程中，是否创造了富有实际意义的成果。很多时候，我们的职业生涯发展是个横向伸展的过程，可能是工作内容范围的扩大，也可能是专业领域的深入，这都需要我们不断提高个人的工作能力，否则我们的职业生涯将会停滞不前。同时，必要的工作能力积累是达到职务目标和收入目标的前提。所以，大学生在制定个人职业生涯规划时，工作能力目标应当高于职务目标。当然，工作能力目标应当切合实际，具有挑战性，并与该阶段的职务职称目标所要求的条件相匹配。

②工作成果目标。工作成果是进行绩效考核的重要指标，优异的工作成果不仅能带给我们荣誉感和成就感，而且是通往晋升的阶梯。

③心理素质目标。心理素质在当今社会越来越受到人们的关注和重视。在职业生涯中，只有心理素质合格的人才能正视现实、努力克服困难、追求卓越；而心理素质差的人只会怨天尤人、自暴自弃。为了使职业生涯规划蓝图能够变成现实，大学生就要不断提高自己的心理素质。提高心理素质包括抗挫折、包容他议，也包括在暂时的成功面前保持冷静清醒，做到能屈能伸、宠辱不惊。

④观念目标。观念是对人对事的态度、价值观。当今社会是个强调观念的社会，各

种各样新的观念层出不穷。这些观念影响着我们的行动,也影响组织、领导、同事、客户对我们的态度。随时更新自己的观念,让自己总是站在前沿地带,也是我们规划个人职业生涯的重要一环。

(二)职业生涯目标组合

目标组合是处理不同目标相互关系的有效措施。如果只看到目标之间的排斥性,就只能在不同目标之间作出排他性选择;而如果能看到目标之间的因果关系与互补性,就能够积极地进行不同目标的组合。目标组合有三种方法:时间组合、功能组合和全方位组合。

1. 时间组合

职业生涯目标在时间上的组合可以分为并进和连续两种情况。

(1)并进

职业生涯目标的并进,是指同时着手实现两个平行的工作目标,或者建立和实现与目前工作内容不相关的职业生涯目标。有时候,外部环境给予我们的机会很多,这让我们面临着多个选择,只要处理得好,又有足够的精力和能力来应对,在一定的范围内,是可以做到"鱼与熊掌兼得"的。

这里所说的"同时着手实现两个平行的工作目标",指的是在同一时期内进行的不同性质的工作。如上级管理层兼任技术业务项目责任人,或中、高级管理层"双肩挑",就可以称作目标的并进,类似的情况在很多组织(企业)中也屡见不鲜。而"建立和实现与目前工作内容不相关的职业生涯目标"多发生在中、青年人身上,意在居安思危、未雨绸缪。例如,人们为了获得更大的发展空间,在做好本职工作的同时,进修自己感兴趣的其他课程等。并进有利于开发我们的潜能,在相同的时间内迎接更大的挑战,发挥更大的价值。

(2)连续

连续是以时间坐标为节点,将多个目标前后连接起来,实现一个目标后再向下一个目标前进。一般来说,较短期目标是实现较长期目标的支持条件。

目标的期限也是相对的,随着时间的推移,长期目标成为中期目标,中期目标成为短期目标,短期目标成为近期目标。只有完成好每一个近期目标和短期目标,最终目标才有可能实现。

2. 功能组合

很多职业生涯目标在功能上存在着因果关系或互补关系。

(1)因果关系

有些目标之间存在着因果关系,如前面提到的工作能力目标与职务目标和收入目标,前者是因,后者是果,其表现为:工作能力提高→职务提升→收入增加。通常情况下,内职业生涯目标是原因,外职业生涯目标是结果。一般因果排序为:更新观念目标→掌握新知识目标→提高工作能力目标→职务晋升目标→提高经济收入目标。

（2）互补关系

职业生涯目标的互补关系是显而易见的，一般高校的老师往往同时肩负教学和科研两项任务。教学为进行科研提供了理论基础和方法指导，科研实践又促进了教学内容的丰富更新和教学质量的提高。

3. 全方位组合

全方位组合不仅是指职业的范畴，它还涵盖了人生全部活动。全方位组合指职业生涯、家庭和个人事务的均衡发展、相互促进。事业不是生活的全部，任何一个人都不能离开家庭和休闲娱乐，完美的职业生涯规划不应把生活中的其他内容排斥在外，全方位组合可以超越狭隘的职业生涯范畴，将全部人生活动联系、协调起来。

二、实现职业生涯目标的方法

将职业生涯目标分解和组合只是实现职业生涯目标的第一步，具体的行动方案还要结合自己的实际情况认真计划。许多人心中虽有一个大致、模糊的设想，但没有形成文字性的东西，而且计划不清晰、不具体，也缺乏可操作性，影响了职业生涯发展的进程。成功的人，往往是确定了职业生涯目标，并且按照计划逐步落实的人。

实现职业生涯目标的方法可分为五种。

（一）认真完成学业，积极参与培训

任何一个职业生涯目标的实现，都应该有基本的知识储备作保证，而大学教育正是获得未来各项职业基本知识的有效途径。大学生无论树立了多么宏伟的职业生涯目标，首先必须完成大学的学业。如果一个大学生连毕业证都拿不到，怎么能迈进职业的门槛？

在学习知识的同时，参与各类培训是我们提高工作能力的重要方法。有效的培训不仅要指向目标，而且应当切合自己的实际情况和环境条件。

（二）严格实行计划，分清轻重缓急

一个好的计划就是个人努力的方向。为了保证自己的行动能与努力的目标一致，就需要最大限度地根据个人职业生涯发展规划约束自己的行为，将计划放在心上，保证经常回顾自己的构想和行动规划。

如果出现无法应对的情况，就应该分清轻重缓急予以解决。职业生涯目标的实现，一方面靠苦干实干，另一方面也需要巧干。特别是在当今这个多变的时代，一切因素都处在变化之中，如果你的理想已经发生变化，你的构想和行动规划也要做出相应的变动，阶段性目标和策略也应随之改变。计划毕竟是计划，往往需要与现实结合起来，动

态性地管理,否则缺乏灵活性就会导致计划落空。

(三)注意抓住机遇,投入有效行动

实现职业生涯目标,除了自己创造机会外,还应该注意抓住组织所提供的机会,如果单位有培训机会,千万不要因为工作忙、家庭事务多、身体状况不佳等理由而放弃。也许机会失去就永不再来,很可能失去此次机会,就失去了一个晋升或选择更有挑战性职业的机会。

抓住机会就要立即行动,记住歌德的一句名言:“仅有知识是不够的,我们必须应用;仅有愿望也是不够的,我们必须行动。”所谓有效的行动,就是行动要始终围绕着目标进行,具体做法如下。

1. 将所有力量集中于目标

集中力量,包括集中脑力、时间、精力、物力和财力等一切可调动的“能量”,千方百计为实现目标而努力,同时要特别注意,行动不能偏离目标轨道。

2. 排除无益于目标实现的活动和干扰

在工作和生活中,总会有无价值的会议、鸡毛蒜皮的杂事、毫无意义的聊天和劳神费力的游戏等活动干扰我们向目标前进,对于这些无益于目标的活动要力求避免。

(四)监督工作进度,克服拖延恶习

保证至少每三个月检查一次学习或工作进度。过程监督是很重要的,监督可以发现计划的问题,可以考察计划的落实情况,可以有针对性地提出解决方案。例如,如果感到工作和生活过于舒适,那就意味着目标定低了,需要适当地调高目标,使自己的目标实现难度更合理。

在学习和工作的过程中,有些人总是喜欢拖延,对于应该当天做的事情,用种种借口拖着不办;有些人虽然有行动,但行动的附加条件太多,行动太磨蹭,这实际上也是一种拖延。时间久了,这种小拖延就变成大拖延,人生规划就难以实现。克服拖延、立即行动的方法如下。

1. 从现在做起,先干起来再说

对过程当中存在的问题,边干边解决,也就是遇到问题,解决问题,遇到困难,克服困难。这是实现人生目标的重要一步。

2. 今天的事情今天完成

日目标的完成情况如何,直接影响周目标,周目标影响月目标,月目标影响年目标……所以,当日的事情能否完成,并非小事。一个人要想实现自己的生涯目标,就必须从当日做起,当日的事情当日完成。

3. 养成立即行动的习惯

行动是习惯,拖沓也是习惯。有些人能力很强,但就是有拖沓的习惯,导致自己一事无成。所以，如果你有这个缺点，就应有意识地训练自己，用好习惯取代拖沓的坏习惯。

（五）锻炼坚强毅力，努力克服困难

在工作、学习和技能培训等实现职业生涯目标的过程中，会受到许多正常的“杂事”“余念”的影响。如爱好与学习的冲突，婚姻与工作的冲突，家庭与事业的冲突等，都需要处理好，否则，计划很难长期执行。有时工作太累了，很想休息；有时，朋友约你去旅行，很有诱惑力；有时很多人都在娱乐，自己也有兴趣参加。要避免这些事务的干扰，需要靠坚强的毅力来坚持，所以坚强的毅力是实现目标的保证。

困难往往不是一时半刻就能解决的。要实现自己的生涯目标，就要敢于克服困难。有些人遇到困难，马上就如同泄了气的皮球一样，垂头丧气，意志消沉；有些人不是没有能力解决困难，而是觉得解决困难太累，不愿为此付出努力；有些人在职业生涯规划的初期，坚持行动是没有问题的，但随着时间的推移，动力就逐渐减少，行动也就难以坚持了。凡此种种，实际上都是畏难情绪在作怪。我们要明白，世界上没有一件真正有价值的事情不是通过辛勤劳动而得以实现的。

伟大的科学家居里夫人曾说：“我们的生活都不容易，但是那有什么关系？我们必须有恒心，尤其要有自信心！我们必须相信我们的天赋是要用来做某种事情的，无论代价多大，这种事情必须做到。”一个人要想获得事业的成功，必须具有敢于克服困难、敢于拼搏、坚持到底的精神。

三、实现职业生涯目标的措施

制订实现职业生涯目标的计划后，就该进入为实现职业生涯目标而努力的实施阶段。目标分解和目标组合不能代替具体的行动方案。这里所指的行动方案，是指落实职业生涯目标的具体措施，包括教育培训、实践锻炼、讨论交流、储备良好的人际关系资源等。

（一）教育培训

教育培训就是根据分解目标制订教育培训计划，它是提高竞争力、接近目标的重要策略。有效的教育培训计划必须是指标性的、切合自身实际的和可实施的。

1. 教育培训的基本步骤

通常情况下，教育培训由四个步骤构成，即确定培训需求、建立培训目标、选择培训技术和评价培训效果，如图 4-3 所示。

2. 教育培训的内容

教育培训的内容主要集中在以下三个方面。

（1）基础知识、专业知识等。

（2）工作技能，主要指通用技能及岗位技能。

（3）企业文化和团队精神，即企业的相关规定、企业倡导的价值观念等。

3. 教育培训的形式

可分为职前培训、在职培训和离职培训；短期培训和长期培训等。具体来说，有以下四种方式。

（1）职前或脱产到正规学校学习，并取得相应证书。

（2）参加培训机构组织的各类专业化培训、进修等，如报关员、单证员、口语翻译、网络工程师、涉外文秘等岗位的培训，利用这些机会获得有效的自我提高。

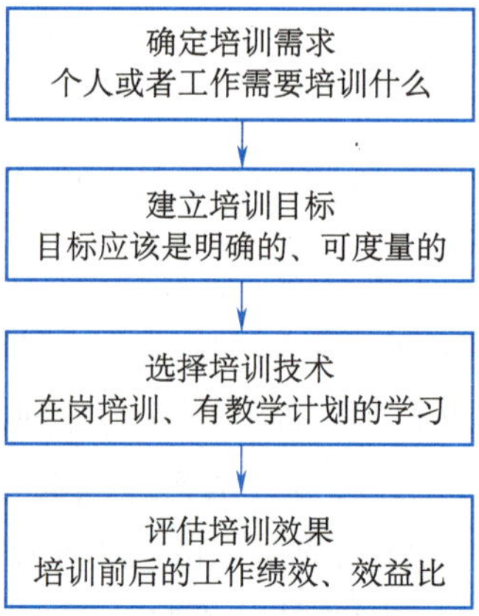

图 4–3　教育培训的基本步骤

（3）参加在职短期培训，由经验丰富的人员对员工进行多方位培训，受训者边干边学，干什么学什么，目的明确，效果更为直接。

（4）其他形式的培训，如讲座、远程教育、视听影像教育等。

以上教育培训的方法不外乎两种：系统学习和现场培训。但目前在一些大公司和国外企业出现了第三种培训，即结构化培训，它综合了前两种方法的长处，如同系统学习，连贯一致，又好似现场培训，有的放矢。它能够迅速提升员工的能力和专业知识水平，适应全球化经济的特点，即更加灵活地提供产品和服务，采用更先进的技术，更快地回应客户的需求等。它是有计划地提高员工工作能力的一种培训方法。其特征有四个方面：第一，按照事先规划的培训流程，稳步实现培训目标；第二，培训目标明确，通过培训提高特定能力；第三，培训强调采用一对一的方式；第四，培训要在工作现场或者与工作现场相似的环境中由资深员工主持进行。如某国际航空公司对国际航班上新招聘的乘务员进行培训，一方面在特别布置成商业航班客舱的教室里向他们讲解服务顾客的基本技巧，安排一段时间的集体授课；另一方面，让新乘务员进行额外的飞行训练，在实际飞行训练中，由经验丰富的老乘务员对新乘务员进行一对一的在岗培训。

（二）实践锻炼

接受教育培训是十分重要的，但任何教育培训都带有基础性、普遍性、时段性的特点。“实践出真知”，知识的积累、技能的培养、素质的提高主要靠在平时实践中学习。实践锻炼是缩小能力差距最有效、最直接的方法。人们在实际工作中需要具备的才干，更多的是从实践中学来的。集中进行理论学习是学习，在实践中学习也是学习，而且是更重要的学习。在工作中学，干什么学什么，缺什么补什么，不要放过任何一个增长才干的锻炼机会。在做好本职工作的同时，也不要拒绝领导、同事给的“分外活”，说不定在“帮忙”的过程中，就会有新发现，得到新的启示，获得新的成功体验。当这些经验积累到一定程度时，你就可能踏上职业生涯发展的新起点。

（三）讨论交流

讨论交流是为了获得新知、灵感、经验和帮助，以缩小差距，这就是经常说的“他山之石，可以攻玉”“三人行必有我师”的道理。在职业生涯中，总有些过来人树立了榜样，平时应注意吸取他人的长处，无论是你的上级还是同事，是同学还是客户，甚至是竞争对手，仔细考虑他们对你的职业生涯发展可能产生的积极影响，从与他们的交谈中学习他们的经验，撷取智慧，并应用到自己的职业生涯中。假如你所追求的是组织目标，讨论交流更为重要，因为想单枪匹马地完成所有工作是不可能的。如果能把自己培养成反应敏捷、知识广博的谈话高手，对日后的成功必定会有很大帮助。这种自我栽培可以带来多重利益，不仅可以使自己更优秀，还能使自己的内在生活更丰富，也能在所追求的目标范围内发挥更大的创新能力。这样你会更受欢迎，更有吸引力。

（四）储备良好的人际关系资源

美国斯坦福国际咨询研究所的一份调查报告指出：一个人赚的钱 12.5% 是靠知识，87.5% 则来自关系。可见，人际关系资源在个人职业生涯发展过程中具有举足轻重的作用。所谓人际关系资源，必定是你认识的人愿意“认同你”，可以“为你所用”，愿意帮助你，使得“做事更有效果、更方便”，这样的人才能称为人际关系资源。在一个人周围，什么样的人可以作为自己的人际关系资源？怎样才能建立一个良好健康的人际关系网络呢？

储备人际关系资源应以自己职业生涯规划的发展方向为依据，通常要与下面这些人建立关系：老板、上司以及在工作中表现出色的同事；家族中事业成功的长辈；朋友和同学。值得一提的是，由于职场中的年轻朋友还处于前途未卜阶段，交朋友不可带有太重的功利心，对所有朋友，无论他现在处境如何，都应以平等态度与之相处。

要建立真正的人际关系资源，最简单的方法就是培养自己的魅力，增加自己的价值。如果你能引起别人心中的渴望，让别人被你吸引，主动靠近你，就可以为自己建立一个人际大磁场。然而魅力从何而来？往往就从你的内涵开始，在职场，内涵就是专业能力或互动过程的沟通能力。在具备了个人内涵的情况下当然也需要一些实际的技巧。

1. 广交朋友

在校的大学生，当还没有资本或重要到让别人主动来认识你的时候，就应该采取主动姿态，积极参加各种学生社团，来拓展自己与他人接触沟通的渠道，更多地展示自己的优势，只有这样，才有可能得到别人的赏识和帮助。

2. 愿意付出、乐于分享

把握每一个帮助别人的机会，不管是在信息、金钱利益方面，还是在工作机会方面，懂得付出与分享的人最终往往可以获得更多，因为朋友愿意与你在一起，你的机会也就越多。常言道，有怎样的度量，就有怎样的福气。

3. 从一点一滴做起

人际关系资源的积累是长期的，是一种在工作和生活中养成的习惯，并不是一个刻意定时完成的项目。所以，储备良好的人际关系资源需要长期的付出，这样才能逐步建立起自己的人际关系网。

4. 注意社交细节

提升人际竞争力是一门艺术。由于人们都愿意与容易相处又品德好的人交朋友，一些社交细节比如以诚待人、信守承诺、尊重对方、赞美别人、时时感恩、承担责任、谦虚谨慎、保持幽默等，就成为个体拥有的内涵的外在表现。

拓展阅读

蚯蚓是我从小到大的朋友。蚯蚓不是原名，由于他长得黑矮瘦弱，才得了这个外号。我们 18 岁分开后，我在外为生活四处漂泊奔波；蚯蚓却上了大学，什么事都挺顺当。在这分开的 10 年里，我们几乎每隔两三年见一次面，每一次我都喜欢问他同一个问题：你将来的目标是什么？

我得到的答案总是不相同，下面记录的是蚯蚓每次谈及目标的原话。

18 岁，高中毕业典礼上：我要当中国首富（好大的口气）！

20 岁，春节老同学团聚会上：我想创立自己的公司，30 岁前拥有资产 2 000 万元。

23 岁，在某市工厂当技术人员，第二职业是炒股：我正在为离开这家工厂而奋斗，因为在这里工作太没前途了，我将全力炒股，三年内用 5 万元炒到 300 万元（似乎有点实现的可能）。

25 岁，炒股失意而情场得意，开始准备结婚：我希望一年后能有 10 万元，让我风风光光地结婚（挺现实的想法）。

26 岁，不太风光的结婚典礼上：我想生一个胖小子，不久的将来当个车间主任就行，别的不想了（是不是结婚都会使人成熟？）。

蚯蚓在职业生涯规划方面缺乏知识和能力。他分不清美好愿望与目标的区别；不会将大目标分解成小目标；不懂内职业生涯的发展是外职业生涯发展的前提；不懂职业生涯发展是从做好本职工作开始的；没有处理好自己与企业的关系；总是抱怨，不懂得适应、利用和改变环境。

（资料来源：知乎，https://www.zhihu.com/question/325343825/answer/1687343298）

任务四

职业生涯目标的评估与反馈

个人事业的成败，很大程度上取决于有无正确适当的目标。没有目标如同驶入大海的孤舟，茫茫一片，没有方向，不知道自己走向何方。只有树立了目标，才能明确奋斗方向，目标犹如航行途中的灯塔，引导你避开险滩暗礁，驶向成功的彼岸。

在人生的发展阶段，社会环境的巨大变化和一些不确定因素的存在，会使我们偏离原来的职业生涯目标与规划，这时需要对职业生涯目标与规划进行评估，作出适当的调整，使其更加符合自身发展和社会发展的需要。职业生涯规划的评估与反馈过程是个人对自己不断认识的过程，也是对社会不断认识的过程，是使职业生涯规划更加有效的有力手段。

职业生涯规划具体实施的过程，是一个与规划相反的过程，要先从具体的、短期的目标开始实施，等短期目标逐个实现了，中期目标就开始实现，而中期目标实现了，长期目标也就会逐步实现。同时，一个好的规划应该是可修正的，因此，各种计划都有反馈机制，要根据实施结果及时评估并修正，如图 4-4 所示。

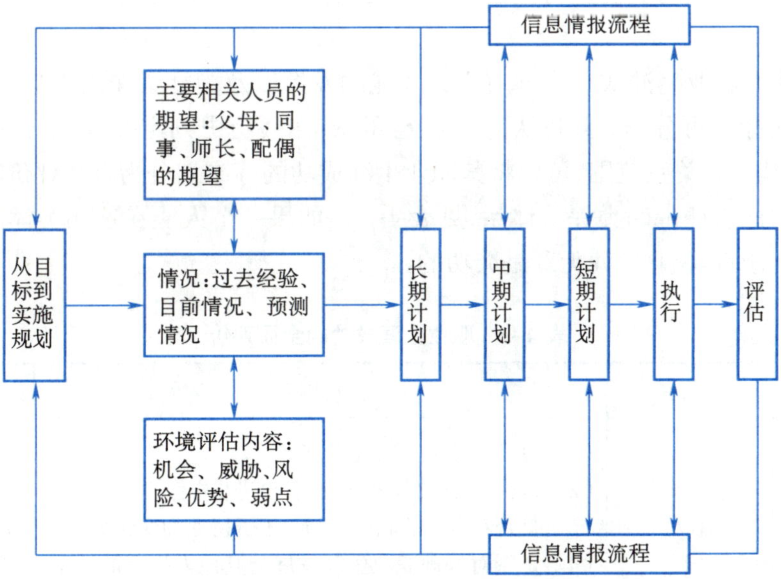

图 4-4　职业生涯规划的实施与评估

一、职业生涯成功的标准

职业生涯成功是指个人职业生涯目标的实现。因此,弄清职业生涯成功的标准与影响因素,有利于我们对职业生涯进行评估。

怎样的职业生涯才算是成功的?对不同的人来说,成功的标准不一样,如何衡量全由自己的希望与需要来确定。每个人的价值观不同,职业需求不同,对成功的理解也会有差别。每个人都可以,也应该对自己的职业生涯成功进行明确的界定,包括成功意味着什么、一定要拥有的东西、成功的时间和范围等。

虽然成功没有统一的标准,但是每个人都应当有自己明确的成功标准,并时时用这个标准来检验实际的行动。

一般认为,职业生涯成功的标准有以下五种。

(1)进取型:视成功为升入组织或职业的最高阶层,特别注重在群体中的地位,追求更高的职务。

(2)安全型:追求他人的认可、肯定,视成功为长期的、稳定的和相对不变的工作。

(3)自由型:不希望被控制,视成功为经历的多样性,希望有工作时间和方法上的自由,最讨厌考勤打卡机。

(4)攀登型:追求挑战、刺激、冒险,愿意做创新工作,视成功为螺旋式的上升、自我完善。

(5)平衡型:视成功为家庭、事业、自我等均衡协调发展。

要对职业生涯的成功进行全面的评价,必须综合考虑个人、家庭、企业和社会等各方面的因素。

有人认为职业生涯成功意味着个人才能的发挥以及为社会作出贡献,并认为职业生涯成功的标准可分为“自我认为”“社会承认”和“历史判定”。对于企业管理人员来说,按照其人际关系范围,可以将其职业生涯成功的标准划分为自我评价、家庭评价、企业评价和社会评价四类评价体系,见表 4-3。如果一个人能在这四类体系中都得到肯定的评价,则其职业生涯无疑是成功的。

表 4-3 职业生涯成功的全面评价

评价方式	评价者	评价内容	评价标准
自我评价	本人	(1)自己的才能是否充分施展 (2)是否对自己在企业发展、社会进步中作的贡献满意 (3)是否对自己的职称、职务、工资待遇的变化满意; (4)是否对处理职业生涯发展与其他人生活的关系的结果满意	根据个人的价值观念及个人知识能力水平

（续表）

评价方式	评价者	评价内容	评价标准
家庭评价	父母、配偶、子女、其他家庭重要成员	（1）是否能够理解 （2）是否能够给予支持和帮助	根据家庭文化
企业评价	上级、平级、下级	（1）是否有下级、平级同事的赞赏 （2）是否有上级的肯定和表彰 （3）是否有职称、职务的提升或同职务责、权、利范围的扩大 （4）是否有工资待遇的提高	根据企业文化及企业总体经验
社会评价	社会舆论、社会组织	（1）是否有社会舆论的支持和好评 （2）是否有社会组织的承认和奖励	根据社会文明程度以及社会历史进程

二、职业生涯目标评估的程序

（一）重温生涯目标

（1）经常回顾你的构想和行动计划。有的人虽有计划，但总不将计划放在心上，不知道自己努力的方向在哪里。

（2）把你的构想和行动计划存入电脑，或贴在床头等可经常看见的地方，时刻提醒自己。

（3）当你作出一个对生活和工作极其重要的决定时，请考虑一下你的构想和行动计划，并确保你正在仔细考虑的决策与你的本意相符。

（4）常常问一问：你正在做的是最想做的事吗？你真的适合做这个职业吗？你能如期完成既定目标吗？是否将重心放在了最重要的地方？

（二）分析当前的实际情况与当初目标的吻合程度

（1）确定当前的实际情况，判断实际行为效果与期望值的偏差。

（2）分析导致失败结果的原因。

（三）根据结果修正、完善目标

（1）采取及时、适当的纠正措施。

（2）调整策略，改变行动。

经常自省是必要的，过程监督也十分重要，保证至少每三个月检查一次你的工作进度。有意识地回顾得失，检查验证前期策略和措施的执行效果，可以有针对性地提出解决方案，纠正阶段目标中出现的偏差。

三、职业生涯目标评估的要点

职业生涯目标评估可以参照各类短期、中期预定目标和实际结果。一般来说，任何形式的评估都可以归纳为自我素质和现实环境的适应性判断，分析自己的现状，特别是针对变化的环境，找出偏差所在，并作出修正。

（一）抓住最重要的内容

猎人如果想同时瞄准几只兔子，那他可能一只兔子也打不到。同样，我们在评估过程中也不必面面俱到，而是抓住一两个关键的目标和最主要的策略方案进行追踪。在职业生涯的某一阶段，一两年内或者三五年内，总要有一个最重要的目标，其他目标都是指向这个核心的，你完全可以通过优先排序，重点评估那些可能达到这个核心目标的主要策略的执行效果。

（二）分离出最新的要求

针对变化的内、外部环境，要善于发掘最新的趋势和影响；对于新的变化和需求要找出最有效而且最有新意的策略。

（三）找到突破方向

有时候，在某一点上取得突破性的进展将使整个局面发生意想不到的改变。想一想，先前规划中的策略方案，哪一条对于目标的达成有突破性的影响？达到了吗？为什么没达到？如何寻求新的突破？

（四）关注最弱点

管理学中有一个著名的木桶理论，即一只沿口不齐的木桶，其容量的大小不取决于最长的那块木板，而取决于最短的那块木板。在反馈评估过程中，当然要肯定自己已取得的成绩与长处，但更重要的是切合变化的环境，发现自己素质与策略的“短木板”，然后想办法修正，把这块短板换掉，或者接补增长。唯有如此，你的职业生涯“桶”才能有更大的容量。

一般来说。“短木板”可能存在于四个方面。

（1）观念差距。观念陈旧往往会造成策略的失误，导致行动失效。

（2）知识差距。根据实施策略所积累的知识仍然不够，或是学错了方向。

（3）能力差距。环境在变化，对人的能力要求也是在不断变化的。彼时你通过种种努力提高了某些能力，但此时可能又会出现新差距。另外，前一阶段是否坚持按计划来提高能力，提高了多少，遇到过什么困难，这些对后一阶段都有重要的影响。

（4）心理素质差距。很多时候我们没有取得预期的进步，并不是规划不够好，或者措施不得当，而是心理素质不够，一个人职业生涯的发展，首先是心理素质的提高过程。

四、职业生涯目标的修正

接下来，就是要根据评估的结果进行目标和策略方案的修正。修正的内容包括：职业的重新选择；职业生涯路线的选择和阶段目标的修正；实施措施与行动计划的变更等。

通过反馈、评估和修正，应该达到以下六个目的。

（1）对自己的强项充满自信（知道自己的强项是什么）。

（2）对自己的发展机会有一个清楚的了解（知道自己什么地方有待改进）。

（3）找出关键的有待改进之处。

（4）为这些有待改进之处制订详细的行为改变计划。

（5）以合适的方式答复那些给予反馈的人，并表示感谢。

（6）实施你的计划，确保你能取得显著的进步和成就。

总之，职业生涯规划是一个持续的动态过程，有效的职业生涯规划需要不断地修正职业生涯目标，反省策略方案是否恰当，以适应环境的改变，同时可以作为下一轮规划的参考依据。

为保证职业生涯规划的有效实行，可以参考图 4-5 所示的流程进行修正。

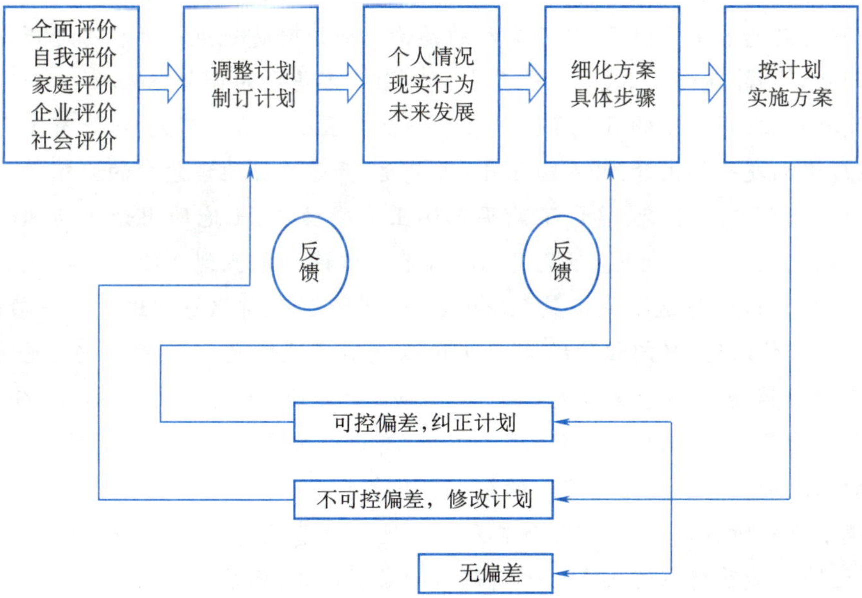

图 4-5 职业生涯规划的修正反馈

拓展阅读

他出生在美国一个富裕的商人家庭。20岁那年，美国发生了严重的经济危机，几乎一夜之间，他变得一贫如洗，被迫离家外出闯荡。那天，他饥肠辘辘地在达拉斯市街头徘徊，已经有两天没有吃一顿饱饭了。

突然，草丛中一个红苹果映入他的眼帘："这也许是上帝送给我的早餐吧！"他的心一阵狂跳，双手颤抖着把苹果拾起来，正想咬一大口，可又不舍地把苹果放到了口袋中。"还是留到最关键的时候再吃吧！"他想。就这样，他揣着那个苹果，半躺在达拉斯市车站门口的一个石墩上，沐浴着和煦的阳光，看着身边的人来车往，心中充满无限遐想。

中午，他用那个苹果跟一个背着画板路过的小男孩儿换了1支彩笔和10张绘画用的硬纸板。不久，人们便看到一个年轻人在接站的人群中兜售一种用纸板做的东西："出售接站牌，1美元一个。"

那天晚上，他吃上了美味的汉堡，并在车站附近找了一家廉价的旅馆洗了个热水澡，美美地睡了一觉。此时，他口袋中还有6美元。两个月后，他的硬纸板接站牌变成了制作精良的迎宾牌，还雇了3个人给他打下手。

一年后，他的存折上有了5 000美元的存款，可是他仍认为这样赚钱与他的理想差距太远。

一个偶然的机会，他发现整个达拉斯商业区仅有一个饭店。他想，如果在这黄金地段建一座高标准高档次的大型旅馆，肯定很赚钱。

他选中了达拉斯商业区大街拐角地段的一块土地，于是去找这块地的地产商老德米克，精明的老德米克开出了30万美元的高价。他请来建筑设计师和房地产评估师给他设想的旅馆测算建造成本，结果是至少需要100万美元的资金。

他没有气馁，用手中的5 000美元买了一个郊区小旅店。不久，他就有了5万美元盈利，然后请朋友一起出资，两人凑了10万美元，开始建设他理想中的旅馆。

他再次找到老德米克，签订了购买那块土地的协议，土地的出让费为30万美元。眼看合同规定的付款日期就要到了，他却只带了少许美元找到老德米克："我买你的那块土地，是想建造一座这个城市最气派的旅馆，而我的钱却只够建造一个一般的旅店。我现在不想买你的地，只想租你的地。"老德米克听了很恼火，不愿意再与他合作。

他十分真诚地告诉老德米克："如果租借你的土地，我的租期为90年，分期付款，每年的租金为3万美元，你可以保留土地的所有权。如果我不能按期付款，那么你可以收回你的土地和在这块土地上建造的旅馆。"

老德米克一听，心中暗喜：30万美元的土地出让费没有了，却换来270万美元的未来收益，还有可能获得在这块土地上新建造的豪华旅馆，何乐而不为？

于是，这笔交易一锤定音。年轻人当即支付了第一年的3万美元租金。在一个适当的时机，他又找到老德米克："我想以土地作为抵押去银行贷款，希望你能给予支持。"老德米克很生气，却没有更好的办法，只好同意了。

他拿着从老德米克那里获得的土地使用证书，顺利地从银行贷到了30万美元，加上他原有的7万美元，就有了37万美元。这笔资金距离100万美元还是相差很远，于是他又找到一个富翁，请求和他一起建造这个旅馆，这个富翁出资20万美元入股。这样，他的资金就达到了57万美元。

1924年5月，他的旅馆在资金缺口较大的情况下动工了。当工程建到一半时，他的57万美元已经全部用完，他又陷入了困境。他不得不又找到老德米克，如实说明了资金上的困难，希望老德米克能出资，把建了一半的旅馆继续完成："旅馆一完工，你就可以完完全全拥有它，不过你应该租赁给我经营，我每年付给你10万美元租金。"

老德米克盘算着，旅馆建好后，自己不仅可以完全拥有它，而且连土地也是自己的，每年还可以拿到一笔不菲的租金，于是心甘情愿地掏出巨额资金来继续建造旅馆，直至竣工。

1925年8月4日，旅馆建成了。它就是著名的达拉斯希尔顿大饭店。建造这个大饭店的年轻人就是后来名噪全球的世界旅馆之王康拉德·希尔顿（Conrad Hilton）。他创立的"希尔顿旅馆帝国"在世界各国拥有数百家旅馆，资产总额达7亿多美元。

从仅有的一个苹果到拥有7亿多美元的巨额财富，希尔顿仅用了17年时间。希尔顿回忆起这段往事时，平静地说："上帝从来都不会轻看卑微的人，他给谁的都不会太多。"

（资料来源：豆丁网，https://www.docin.com/p-2590089444.html）

点评：康拉德·希尔顿的职业生涯发展不是偶然的，不是天上掉下来的馅饼。他的外职业生涯是在其知识、观念、经验、能力等内职业生涯因素不断更新、水平不断提高的基础上发展的。在职业生涯发展的道路上，对自己的职业倾向和判断是不断变化的，个体需要审视自己的目标、路径，进行评估与调整，使职业生涯行之有效。

项目训练

一、探索职业目标

想一想你的职业梦想是什么。

你希望拥有什么？

你希望做什么？

你希望成为什么？

考虑一下你的目标全部实现后你的理想生活是什么样的。

最想和谁生活在一起？

你会到哪里去？

你会遇到什么样的环境?

二、确定职业生涯目标

在毕业后的三年时间里,你希望达到哪些目标?表4-4中没有列出所有的选项,如果你认为对你很重要的一项没有列出,可将它加在“其他”一栏中。

利用表4-4,按优先顺序排出你最先考虑的三项目标。

表4-4　职业目标排序

职业目标	排序	职业目标	排序
打下坚实的基础		开发新产品或服务项目	
达到管理水平或取得几项职业资格		为社会发展作贡献	
平衡好个人生活和事业之间的关系		成为自己工作领域的佼佼者	
出国旅行		影响公司的战略	
完成具有挑战性的任务		其他	
做自己企业的主人			

项目回顾

1. 大学生在确定自己的职业生涯目标时应该注意什么?
2. 结合自己的职业生涯目标制订切实可行的实施方案。
3. 如何评估自己的职业生涯目标。

项目五

职业生涯决策

项目导入

生起火炉，烧红铁块，抡起大锤，叮叮当当，铁花飞溅……随着时代的发展和变迁，这种传统的铁匠铺工作场景已慢慢地淡出了人们的视线。然而，在北京通州区宋庄镇深巷内的一间铁匠铺里，50岁的铁匠蔡德全曾用一场令人惊诧的职场转型，诠释了对这份古老行当的热爱。

"天地之间有铁匠，朴实无华炼精神。横批：用心打铁。"这副对联曾经被贴在蔡德全铁匠铺大门上，也是他在创业之初送给自己的勉励。

蔡德全出生于云南省临沧市，1996年离开云南老家来到北京闯荡。在云南艺术学院读书时，他主攻油画专业。"原来做绘画和雕塑创作的时候，我就会经常用到铁匠的技艺，后来发现铁匠铺越来越难找，几乎就找不到了，我意识到这门技艺正在被迅速边缘化，未来面临的可能就是消亡。"蔡德全回忆。

正是由于从小受到铁匠铺影响而产生的这份情结，蔡德全怀揣着对铁匠工艺即将消逝的惋惜，几经思考后决定转行，将这门技艺继承下来。就这样，蔡德全在北京选中一处空间不大的工作室。

光线阴暗、浓烟漫漫的房间里，密集地摆放了200多把铁锤、70多把铁钳子、5个铁砧子、6个木墩子以及若干小工具。由于经年累月的使用，它们浑身被蔡德全的汗水和老茧磨得油光晶亮。

"铁匠铺正在快速消亡，其根本原因是现代化农业生产的兴起和巨大的社会变革。传统铁匠师傅们基本都没有上过学，只会打造农耕用具和一些简单的生活用品。如今人们在审美和用品形制需求上有了很大的改变，而铁匠们却没有进行转变，年轻人又觉得这个职业辛苦不挣钱而不愿继承，传统铁匠在大量涌现的机械化、批量化的产品现实中无法生存。"蔡德全惋惜地感叹。

从一名文艺青年摇身一变成为打铁大叔，职业角色的转变确实很大，这是一个惊人的生涯决策，很多人都不能理解。但蔡德全很快就适应了这个身份转变。他希望基于传统铁匠的技巧和平台创新，在材料技术和品种上探索研发，让人们重新欣赏和使用铁匠工艺打造的新产品，使铁艺文化的生命得以延续。

“人生有三苦，撑船打铁卖豆腐。”这是一句行家间的玩笑话。蔡德全半路出家，想要完成理想的作品、成为一名合格的铁匠艺人更是难上加难，付出的努力可想而知。仅仅是一双手，就足以让听他故事的人心头一紧：何苦呢？蔡德全思索了一会儿说：“当手掌终于打出茧子的时候，我也懂得了对时间和人生的敬畏。”

“夏季算是最难熬的日子了，铁匠铺内生火打铁的时候温度都在四十摄氏度以上，赶上高温天时能达到近六十摄氏度。”

蔡德全没有学过打铁，他看了很多老师傅的打铁技艺，研究过很多国内外的书籍及资料，在保留传统工艺的同时逐渐开辟出一种全新的打铁形式。

机器生产的东西精密而一致，但其实无法达到纯手工制作的淳朴和自然变化的温情效果。蔡德全说，现在纯手工做出来的东西不再是普通商品，它应该是超越普通商品的艺术作品。

铁是可以千变万化的。打铁工艺在中国历史悠久，它蕴含了人与铁匠铺子的演绎形式之美，充满了劳动者一锤一打间的韵律之美，是伴随几千年农耕文明的璀璨文化。“这种古老的工艺极为难得，如果艺术和设计与之结合将会有极辉煌的未来。”

正是对极致的不懈追求让蔡德全一路成长，6 年来创作大大小小的作品超过 3 000 件。从最早一件耗时半个月的作品只卖出 600 元，到如今一件铁钵可以卖出上万元的价格。蔡德全耗时最长的作品是一件重约 50 斤的大铁钵，用时两年半才完成。

2012 年，蔡德全发起了铁匠铺艺术拯救计划，率先在云南老家开始尝试兴办铁匠学校广招学徒，为各大高校等相关机构提供实践机会，从而让古老的打铁工艺勃发出新的生机。

2018 年，他开始将小小铁匠铺及“中国铁博物馆”进行落地产业化及品牌化。一来为了传播中华传统的铁文化，与世界各国铁文化进行交流，二来可以为很多贫困地区解决劳动力和收入问题，也能为一些残疾人提供工作和创业的机会。

（资料来源：央视网，people.cctv.com/2018/10/24/ART1yybJuPRXNtvgFnoYd501181024.shtml）

思考：蔡德全的故事对我们作出正确的职业生涯决策有什么启发？

启示

职业生涯决策是由一系列不断递进的阶段组成的，是某个方案被选择履行和不断调整的必然结果。决策并不意味着最终的结果，正如蔡德全一样，决策者可能会不断调整自己的职业选择。因此，职业生涯决策的过程充满动态性、连续性和发展性。

项目目标

1. 学会分析自己的决策风格。
2. 理解生涯决策有效策略的特征及类型。
3. 掌握职业决策平衡单的使用方法。
4. 能运用 SWOT 分析法对自己的职业生涯进行分析。

任务一

职业生涯决策的影响因素

在职业生涯发展过程中，面临方向选择的时候，生涯决策也就产生了。我们在生活、学习、工作的过程中随时随地都在作着决策。比如在自习室上自习，复习哪几门功课，每一门功课需要多长时间，都需要作出决策；午饭时间到了，由自习室奔向食堂吃午饭，是吃米饭还是馒头，选择什么样的菜品，也需要作出决策。当然，决策有大小，有的几分钟甚至几秒钟就可以作出，比如吃什么样的饭菜；有的就不那么简单了，比如作出人生的重大决定——职业生涯决策。

职业生涯决策是人们根据自身特点和社会需要作出合理的职业方向选择的过程，包括个人价值的探讨和认识、关于自我和环境资料的搜集使用、谋划和决定过程。职业生涯决策是个体一生中必然要面临的重要决策。随着时代与社会的发展，当代大学生的职业选择既面临着巨大的挑战，也存在着众多的机遇。面对压力与众多的选择机会，如何作出正确的决策，不仅关系到一个人的职业发展与前途，也关系到一个家庭的幸福与发展，再往大了说，还关系到社会的稳定与发展。大学时期又是大学生学习专业知识、建立职业发展目标、锻炼社会适应技能的重要时期，因此，有必要了解大学生在此阶段的职业决策发展特点，深入探讨影响大学生职业生涯决策的因素，根据大学生进行职业生涯决策的原则指导大学生顺利实施自我职业决策。

职业生涯决策是一个复杂的过程，在这些影响因素中既有个体自身的因素，也有社会发展的因素，还有家庭因素等。综合分析来说，包括以下三个方面。

一、影响职业生涯决策的个人因素

（一）个人特质

个人特质一般是指人在性格、气质等方面表现出来的特性，跟职业生涯关系比较密切的主要是兴趣、意志、能力、人生目标等。

兴趣是职业生涯选择的重要依据，当一个人对某种职业产生兴趣时，他就能发挥整个身心的积极性，就能积极地感知和关注该职业知识动态。兴趣可以提高人们的工作效率，兴趣可以调动人的全部精力，让人以敏锐的观察力、高度的注意力、深刻的思维和丰富的想象力投入工作，进而大大提高工作效率。在其他条件相似的情况下，从事自己感兴趣的职业不但可以让从业者感到满意，而且能够让从业者的工作单位感到满意，并由此使工作具有长期性和稳定性。此外，多方面的兴趣可以使人善于应对多变的环境，如果变换工作，只要自己感兴趣，就能够较快地学会这门工作所需的技能，求职成功，并能够很快地熟悉和适应新的岗位。人们不仅需要知道自己有能力从事哪种工作，更重要的是需要知道自己对哪类工作感兴趣，只有将能力和兴趣结合起来考虑，才能规划好职业生涯并取得职业生涯的成功。

意志是一个人自觉地确定目标，支配与调节自己的行动，克服各种困难，从而达到预期目标的心理状态。一个人对自己行动的目的有着正确、充分的认识，善于明辨是非，能当机立断地作出决定并予以执行；有坚韧的毅力、百折不挠的精神，在行动中善于控制自己的情绪、约束自己的言行，干事情有刻苦执着的精神等，有助于职业生涯获得成功。职业生涯规划的自觉、进行职业抉择的果敢、为实现长期职业目标而努力的坚韧、职业规划和决策中的自律、为完善职业生涯规划作出大量努力的勤奋等都有益于实现职业生涯规划的科学性和合理性。没有坚强的意志，人就会在顺境中得意忘形，在逆境中消沉颓废，最终不能实现自己的职业生涯规划。意志强弱对于一个人的职业生涯规划来说有着重大的影响作用。

能力是掌握和运用知识技能，直接影响活动效率，使活动顺利完成的个性心理特征。个人能力决定了个人在职业生涯的道路上能够走多远，因为不同职业的不同发展阶段对个人能力的要求都是不同的，所以无论选择了什么职业，向前发展都会受到能力的限制。在此意义上，个人能力比职业选择更加重要，能力足够强的个人，即使选择了非最优的职业道路，一样可以取得理想的结果。

人生目标是一个人终生追求的固定目标，生活中的一切事情都围绕着它而存在。人生目标能激发人的热情和活力，会给人带来长久的幸福、安宁和富裕，它是一项人注定会去做的事情。目标越高，眼界越高，人的动力就越大，考虑问题越全面；目标越低，人越容易安于现状、产生惰性，对职业选择也是如此。

（二）教育背景

教育是赋予个人才能、塑造个人人格、促进个人发展的社会活动，它奠定了一个人的基本素质，对人的一生有着巨大的影响。在很多时候，企业会拒绝未达到某一教育水准的人，对教育水平的要求直接就会淘汰一部分就业者。因此在大学的学习期间，达到相关要求，顺利毕业，拿到学历与学位证，是对每一位大学生的基本要求。

随着社会的发展与职业类型的不断变化，对当下的每个职场人来说，不断地学习与完善自己的知识技能体系已经成为必然。因此，必须树立终身教育的理念。

二、影响职业生涯决策的社会因素

社会是人才得以活动及发挥才干的舞台，也是影响人们成长与成功的重要条件和因素。社会的政治经济形势、社会发展阶段、职业权利方面的管理体制、社会文化与习俗、职业的社会体系、大的社会环境与发展背景等社会因素决定着社会职业岗位的数量与结构，也决定着职业岗位的波动与变化，从而决定了人们对不同职业的认定和步入职业生涯、调整职业生涯规划的决策。

一个单位对员工的培养、员工自身的交际网、员工在职业发展过程中所能获得的帮助、员工提高素质所需的学习机会与资源、有关员工职业生涯发展的制度与政策等因素也会对社会职业结构的变迁、人的职业生涯变动的规律产生重要的影响。当前，中国特色社会主义进入新时代，当代大学生不仅要学好自身专业，还需要了解国家的决策定位与发展要求，全面了解职业发展的新动向，这样更有利于自己有目标地学习与规划职业生涯。

此外，机遇也是影响职业生涯发展的一个重要社会因素。机会是一种随机出现的、具有偶然性的事物。人一生当中会遇到很多偶然的机会，有利的偶然机会就是机遇。如果社会上出现了给一个人提供发展、向上流动的职业环境与空间，那么对于这个人而言，就是出现了机遇，这对他的职业生涯规划与发展有积极的推动作用。机遇对于任何人都是平等的，又总是降临于素质高、有准备的人的身上，谁素质高、准备充分，谁就能够抓住机遇。把握机遇的前提是完善自我、提高素质、具备职业发展的潜质。具备了这些获得机遇的前提，还要锻炼发现机遇的敏感度，如果漠视机遇，很可能会让机遇悄然溜走，徒留遗憾。总之，抓住机遇是关键，一个人只有抓住了机遇，才能更好地施展才华、快速成长。

三、影响职业生涯决策的家庭因素

家庭是人生活的重要场所，一个人的家庭也是造就其素质以至于影响其生涯的主要因素之一。父母都会对自己的子女有一种期望，这种期望会在人的幼年时期留下印象，并随着时间的推移而强化，比较高的期望会有激励作用，但过高的期望也会成为一种巨大的压力。父母对子女期望的高低有时会直接影响子女的职业规划与选择。此外，父母所从事职业是子女观察社会职业的起点，父母对自己职业的认同与否，对子女将来是否愿意从事这种职业有很大的影响。父母及其他亲属所从事的职业，会影响子女职业理想的确立和职业方向、种类的选择等。

家庭的经济状况也是影响一个人职业发展规划与决策的重要因素。一个家庭经济条件好，会给孩子提供更好的教育机会，孩子的受教育程度会更高一些，职业选择空间也会更大一些；相反，一个家庭经济条件差，孩子的受教育机会可能就会减少，而且会使孩子感到肩上的家庭责任沉重。因此，在是否读书深造、工作单位离家远近及效益好坏等方面，孩子可能就会有不同的考虑与打算。

相关链接

职业生涯的十大原则

一个人如果没有明确的职业定位，就不会有明确的职业发展目标，一旦迷失了职业发展方向，就很容易使自己陷入职业发展困境。要想成为一个拥有前途的职场人士，就有必要在职场中明确职业角色，塑造职业形象，树立职场风格，科学系统地做好职业定位，再进行系统的职业规划。

一般来说，制定职业生涯规划的原则如下：

1. 清晰性原则：目标、措施是否清晰、明确？实现目标的步骤是否直截了当？

2. 挑战性原则：目标或措施是否具有挑战性，还是仅保持其原来状况而已？

3. 变动性原则：目标或措施是否有弹性或缓冲性？是否能根据环境的变化而作调整？

4. 一致性原则：主要目标与分目标是否一致？目标与措施是否一致？个人目标与组织发展目标是否一致？

5. 激励性原则：目标是否符合自己的性格、兴趣和特长？是否能对自己产生内在激励作用？

6. 合作性原则：个人的目标与他人的目标是否具有合作性与协调性？

7. 全程原则：拟定职业生涯规划时必须考虑到职业生涯发展的整个历程，作全程的考虑。

8. 具体原则：职业生涯规划各阶段的路线划分与安排必须具体可行。

9. 实际原则：实现职业生涯目标的途径很多，在做规划时必须要考虑自己的特质、社会环境、组织环境以及其他相关的因素，选择确实可行的途径。

10. 可评量原则：规划的设计应有明确的时间限制或标准，以便评估、检查，使自己随时掌握执行状况，并为规划的修正提供参考依据。

（资料来源：中玻网，https://www.glass.com.cn/glassnews/newsinfo_56365.html）

任务二

职业生涯决策的风格

在面对生涯决策时，每个人受个体的经验、知识、能力、性格和气质等多重因素的影响，都有自身独特的行为方式，这种独特的决策方式就是个体的决策风格。

决策风格（Decision Making Style）可以认为是人们在作决策时表现出来的行为偏好心理倾向，反映了个体在决策的过程中习惯的反应模式，是个人关于决策行为的个性特征在职业决策过程中的体现。不同的人决策同一件事情、实现同一目标的习惯偏好不同，从而形成了决策风格的差异。个体决策风格是如何形成的，对这一问题的分析大体可归纳为三类理论。

一是个性决策论。这类理论的主张是，决策风格取决于决策者的个性（包括气质、性格等心理特征）。

二是情势决定论。持这类主张的学者认为，决策任务与决策环境决定不同的决策风格。

三是相互作用决定论。这一理论认为，决策风格既受个体个性影响，又受决策任务与环境的影响，因此，在研究决策风格的形成原因时，需要同时考虑上述两类因素的相互作用。人们采用何种风格在一定程度上取决于自身一贯的认知风格、行为习惯等特点，也取决于可利用的时间资源，以及所面临的决策问题的复杂程度。

一、丁克里奇的生涯决策风格理论

最早研究决策风格的是丁克里奇（Dinklage），他通过访谈研究，于 1966 年提出将决策者分为八种风格类型。

（一）痛苦挣扎型

痛苦挣扎型又称为烦恼型，这类人会花很多的时间和精力来收集信息，使用信息时又顾虑重重，确认有哪些选择，向专家询问，反复比较，当断不断，迟迟难以作出决定，心理表现常常是“我就是拿不定主意”。出现这种情况的时候，收集再多的信息进行分析比较也无济于事。需要弄清的是他们被一些什么样的情绪和非理性信息困住了，比如害怕自己作出错误的决定、追求完美等。

（二）冲动型

与痛苦挣扎型相反，这类人遇到第一个选择就紧紧抓住不放，不再考虑其他的选择或进一步收集信息。他们的想法是“先决定，以后再考虑”。比如，先找到一份工作，做了再说。冲动的决策方式可能是出于对困难的回避，不愿意花时间精力去探索。这种方式的缺点在于风险太大，等有更好的选择时自然追悔莫及。

（三）直觉型

这类人将自己的直觉感受作为决定的基础，他们通常说不出什么理由，仅仅是因为“感觉到是对的”而作决策。直觉在人们对环境情况无法获得充分信息的时候会比较有效，但它有可能不符合事实。有时候，人们的判断可能会因自身先入为主的偏见而产生较大的误差。因此，不能仅仅将直觉作为决策的依据。

（四）拖延型

这类人习惯将对问题的思考和行动都往后推迟，“过两天再考虑”是他们的口头禅。大学生常见的“我还没有准备好工作，所以打算先考研”的心理就是这种方式的体现。拖延型的人心中暗暗有这样的希望：也许事情过几天就自动解决了。然而，问题并不会自动解决，有时候甚至会越拖越严重。如果你现在不知道该怎么找工作，那么读完研究生也未必能知道。

（五）宿命型

这类人不能自己承担责任而将命运寄托于外部形势的变化，将决定留给境遇或命运。他们会说“该怎么样就怎么样吧”或“我这个人永远也不会走运”之类的话。当一个人将自己生活的主导权交给外界环境的时候，这个人就会表现得无力和无助。这样的人容易成为环境的“受害者”，怨天尤人，却没想到自己的处境正是由放弃了个人对生命的“主权”而造成的。

（六）顺从型

这类人倾向于顺从别人的计划而不是独立地作出决定。他们常说：“只要他们都觉得好，我就觉得好。”比如，很多大学生一窝蜂似的争取出国、进外企、考研、考证、参加各种培训班，只因为“大家都这样做”。从众的人固然在追随群体的过程中获得了一种虚假的安全感，但却忽略了自身的独特性，这造成他们的选择在很大程度上并不适合自己。他们在不必费心思考的同时，也牺牲了对生命可能有的满足感。

（七）瘫痪型

这类人可能在理性上接受了应当自己作决定的观念，接受作决策的责任，但是因为过于焦虑而不能对决策作出有建设性的工作，无法开始决策的过程。他们知道自己应该开始了，可在内心深处总笼罩着“一想到这事就害怕”的阴影。事实上，他们无法真正为决策和决策的后果承担责任，而这种害怕承担责任的心理可能又源于家庭在其成长过程中长期的不当教育方式。

（八）计划型

这类人倾向于使用标准化决策模型所推荐的理性策略，很显然，这是一种科学的决策风格。

上述八种决策风格没有绝对的优劣之分，各有其适用的范围和局限性。例如，直觉型决策反映了决策者能够迅速提取相关信息的能力，或者说他是一个反应快的理性决策者；那种喜欢到处咨询或模仿他人的决策者，有依赖的倾向，但也有可能把个人的认知偏差减到最小。决策风格既受个性的影响，又受到环境的塑造，并非绝对无法改变。根据对“自己”和“环境”认知的多少，还可以将上述八种决策风格类型做出划分，见表 5-1。

表 5-1　决策风格的划分

<table>
<tr><th colspan="2" rowspan="2">项目</th><th colspan="2">自己</th></tr>
<tr><th>未知</th><th>已知</th></tr>
<tr><td rowspan="2">环境</td><td>未知</td><td>困惑和麻木性决策
痛苦挣扎型、拖延型、瘫痪型</td><td>直觉性决策
冲动型、直觉型</td></tr>
<tr><td>已知</td><td>依赖性决策
顺从型、宿命型</td><td>信息性决策
计划型</td></tr>
</table>

以上这八种类型的决策模式，根据情境及其结果重要性的不同，会产生不同程度的作用。比如，人们常常用“冲动”的方式决定晚餐点什么菜或买一件新衣服，其结果不会对我们的生活造成太大的影响，甚至可以给自己或他人带来惊喜。

但是，冲动型决策模式用在一些重大的决定当中就不适宜了，往往会导致后悔、耽搁时间、浪费精力等后果。就像一个人如果没有想好要买什么或不确定购买标准是什么就去逛街，结果往往是回家就后悔：买了一堆自己不需要或不是真正喜欢的衣物。买衣服尚且如此，更何况职业选择。从表 5-1 中可以看出，这些决策模式都存在着自己或环境的“未知”因素。在有很多“未知”因素的情况下决策，显然风险过大而容易导致决策结果不那么令人满意。

二、斯科特－布鲁斯决策风格理论

美国职业生涯专家斯科特（Scott）和布鲁斯（Bruce）于1995年提出决策风格是在后天的学习经验中逐渐形成的，并将决策风格划分为五种类型：理智型、直觉型、依赖型、回避型和自发型。

（一）理智型

理智型以周全的探求、对选择的逻辑性评估为特征。理智型的决策者常具备深思熟虑、善于分析、逻辑性强的特性。这类决策者会评估决策的长期效用并以事实为基础作出决策，强调综合全面地收集信息、理智地思考和冷静地分析判断。这是其他决策风格的个体需要培养的一种良好的思考习惯。

（二）直觉型

直觉型以依赖直觉和感觉为特征，比较关注内心的感受。直觉型的决策风格以自我判断为导向，在信息有限时能够快速作出决策。由于以个人直觉而不是理性分析为基础，这类决策发生错误的可能性较大，易导致决策不确定性，这容易使直觉型决策者丧失信心。

（三）依赖型

依赖型以寻求他人的指导和建议为特征。依赖型的决策者往往不能够承担自己作决策的责任，允许他人参与决策并共同分享决策成果，会受到他人的正面评价，但也可能因为简单地模仿他人的行为导致负面的反应。这类决策者需要衡量生活中重要的人对自己的影响程度。

（四）回避型

回避型以试图回避作出决策为特征。回避型的决策者往往拖延决策、作决策不果断。面对决策问题会产生焦虑，往往因为害怕作出错误决策而回避决策。

（五）自发型

自发型以渴望即刻、尽快完成决策为特征。自发型的决策者往往不能够容忍决策的不确定性以及由此带来的焦虑情绪，因此自发型是一种具有强烈即时性，并对快速作决策的过程有兴趣的决策风格。这类决策者常会因一时的冲动，在缺乏深思熟虑的情况下作出决策，因而通常会给人果断或过于冲动的感觉。

任务三

职业生涯决策的模式和方法

一、职业生涯决策的模式

职业生涯决策是一个过程，而且是一个复杂的过程。不同的专家从不同的方面提出了各自的看法。

（一）克朗伯兹的职业决策模式

社会学习论由班杜拉（Albert Bandura）所创，强调的是个人独特的学习经验对其人格与行为的影响。克朗伯兹（John D. Krumboltz）将其观念引用于职业生涯规划上，用以了解在个人职业决策历程中，社会、遗传及个人因素对决策的影响。

1. 影响职业决策的四种因素

克朗伯兹认为有多种因素影响职业决策，最主要的是以下四种因素。

（1）遗传因子与特殊能力。如内在素质、身体障碍、音乐和艺术能力等。

（2）环境情况与特殊事件。如劳动法规、技术进步、社会机构变化、家庭资源等。

（3）学习经验。如各种工具性学习、行为和认知学习、观察学习等。

（4）工作取向技能。如设定目标、工作及情绪反应的方式等。

2. 职业决策的七个步骤

克朗伯兹于 1973 年提出了进行职业决策的模式，认为在进行个人职业决策时应采取八个步骤。1977 年他又对此模式进行了修正，修正后的职业决策模式主要分为七个步骤。

（1）界定问题。理清自己的需求和个人限制，即认识自我，明确自己想要什么，自己存在哪些优势与不足，在此基础上，制定出明确的目标和实现目标的时间表。

（2）拟订行动计划。在明确自己的需求目标的基础上，思考可能达到目标的各种行动方案，并规划达成目标的流程。

（3）澄清价值。界定个人的选择标准，即明确自己最想要的是什么，以此作为评估与衡量各项方案的依据。

（4）找到可能的选择。搜集资料，找出可能的方法。

（5）评价各种可能的选择。依据自己的选择标准和评分标准，逐一评价各种可能的选择，找出可能的结果。

（6）系统地删除。有系统性地删除不合适的方案，挑选最合适的选择。

（7）开始行动。开始执行行动方案，以达成选定的目标。

3. 个人职业决策中的五种困难

克朗伯兹于 1983 年开始注意决策的个人规则及相应的困难，他认为在进行职业决策时可能遇到以下五种困难：

（1）人们可能不会辨认已有的可解决的问题；

（2）人们可能不努力作决策或解决问题；

（3）因为错误的原因，人们可能会消除一个潜在的、满意的选择对象；

（4）因为错误的原因，人们可能会选择较差的选择对象；

（5）在感到没有能力达到目标时，人们可能会经受痛苦和焦虑。

在进行职业决策时，我们要重视以上困难，特别是要克服不努力作决策或解决问题的困难，要积极面对可能出现的问题，通过自身的努力寻求自己最优的选择。

该模式注意到社会及遗传因素对个人决策的影响，个人在决策时不仅要考虑个人因素，明确我想要什么，还要考虑社会、遗传等因素，知道我可能得到什么，我能够做到什么。该模式还特别强调学习的重要性及其对职业选择的影响，把职业决策看作是一种习得的技能，并主张职业决策技能是可以在教育和职业辅导课程中教授的，特别强调教授识别影响职业决策的因素。

（二）泰德曼的生涯决策模式

泰德曼（Tideman）结合萨柏（Donald E. Super）与金斯伯格的生涯发展观点，提出整个决策过程包括确定目标、实施与调整两个阶段，共七个步骤。

1. 确定目标阶段

个人在进行职业决策时，首先是要确定职业目标。如何确定职业目标呢？可以按以下四个步骤进行。

（1）试探。根据自己所学的专业及个人的兴趣、爱好及职业理想，考虑不同选择方向及可能目标；

（2）具体化。列出所有可能目标对于自己来说存在的优点与不足，经过对各种选择方向或目标优缺点的斟酌，明确什么是自己最想要的、什么是阻碍自己目标实现的最大困难；

（3）选择。选定一个能解除目前困扰的目标；

（4）明确化。再审视最终选择的目标，看是不是自己最想要的、是否可以通过努力实现，然后发现问题，修正和调整目标。

2. 实施与调整阶段

将选择的方案付诸行动，落实于现实生活，然后评估其结果，并根据个人对结果的满意程度，对方案做调整或改变。具体的实施分为三个步骤。

（1）入门。开始执行自己的选择，这也是新经验的开始，在新环境中，争取他人的接纳；

（2）转化。调整步伐与心态，专心致志，肯定在新环境中的角色，全力以赴；

（3）整合。个人的信念与集体的信念达到平衡与妥协。

（三）奇兰特的决策模式

奇兰特（Gelatt）于1962年提出职业决策过程模式，认为决策是一连串的决定，任何一个决定都将影响其后来的决定，亦会受先前决定的影响，因此决策是一个发展的历程而非单一的事件。这也说明生涯决策不是一次选择，或一个结果，而是持续不断地作决定及修正的终生历程。决策的基准在于选择有利因素最多、不利因素最少的方案。

这个模式特别强调资料的重要性，奇兰特将个人处理资料的策略分成三个系统。

1. 预测系统

预测不同的选择可能会造成的结果，估算出每个行动可能造成该结果的概率，以此作为采取行动方案时的参考。

2. 价值系统

评价个人对于可能的行动的内在喜好程度，以此作为采取行动方案时的参考。

3. 决策系统

评判各种行动方案的标准，其选择取向分为以下四种。

（1）期望取向。选择可能达成自己最想要的结果，与自己的职业观相一致，与自己的兴趣、特长最相符的方案。但该方案也许是成功概率很小的方案，所以存在着较大的风险。

（2）安全取向。选择最安全、最保险的方案。该方案适合追求稳定的人，但也许与你的职业兴趣是不一致的。

（3）逃避取向。避免选择可能造成最坏结果的方案。这也适合追求稳妥、不爱挑战的人，但选择的结果也许是与你的期望有一定差距的。

（4）综合取向。考虑自己对于行动结果的需求程度、成功概率及如何避免最坏的结果。权衡这三个方面，然后选择一个行动方案。

作决策的具体步骤是：

（1）根据自己的需求制定决策目的或目标；

（2）搜集与目标或目的有关的信息资料，以了解可能的行动方向；

（3）根据所得的资料，预测各个可能行动的成功概率及其结果；

（4）根据价值系统，估算个人对于每个行动方案的喜好程度；

（5）评估各种可能方案，选择其中的一个方案执行；

（6）若达成目标则终止决定，然后再等待下一个决定的出现；

（7）若没有成功，则继续调查其他可行的办法。

（四）盖蒂的 PIC 模型

PIC 模型是由以色列职业心理学家盖蒂（Gati）提出的一种系统的职业决策方法，其构建兼顾理论验证与实践运用。

PIC 是排除阶段（Prescreening）、深度探索阶段（In-depth exploration）和挑选最合适方案阶段（Choice of the most suitable alternative）的缩写。

PIC 模型的理论基础是排除理论，决策方案的选择通常都是多属性的，在选择过程的每一阶段，要挑选出某一属性或某一方面，根据重要性对其做出评价，对不符合决策要求的属性便应予以排除，即不再在以后的比较选择中继续加以考虑，直到剩下某种未排除的方面或属性时，再作出最后的选择。

1. 排除阶段

在许多职业决策的情境中，潜在职业方案的数目是相当大的。排除阶段的目的就是将这些潜在方案的数目减少，达到可操作的水平。这样可以筛选有可能的方案，决策者能够为每个方案收集广泛的信息，并且有效地加工这些信息。

排除阶段可以分为五个步骤。

（1）选择在搜寻中被用到的有关方面。寻找有可能的方案是建立在个人对有关方面的偏好这一基础之上的，如个人的职业价值观、兴趣、能力、工作环境、培训时间、工作时间、人际关系类型等。

（2）根据重要性排列这些方面。按照个人的重视程度给这些方面排序，以便于序列搜寻过程能相应地进行（即先搜寻最重要的方面，再搜寻次重要的方面，以此类推）。

（3）为重要的方面定义可接受水平的范围。在序列搜寻中对每一个要考虑的方面，首先引入个人偏好的最优水平——即在该方面上最想要的，然后挑选出次想要的，再是可接受的水平。

（4）将个人可接受水平的范围与有关职业方案的特性水平进行比较。序列排除过程是这样的：列出所有潜在的职业方案，并且将它们的特点与个人的偏好进行比较。首先排除最重要的方面上与个人偏好不符的方案。然后在其他方面上，这个过程反复进行，直到剩余有可能方案的数目在可操作的范围内。

（5）灵敏度分析。检查对偏好的可能变化而引起相应结果变化的灵敏度。这个步骤包括再次检查排除阶段的步骤。检查是否仍然可以接受被报告的偏好，还是更希望改变它们；分析为什么某些在系统搜寻前被个人直觉地认为是有吸引力的方案，在序列排除过程后被删除了；找出那些仅仅因为一个方面上的不一致而被剔除的方案，检查关键方面信息的有效性，并且考虑可不可能在这个关键方面上折中一下。

2. 深度探索阶段

这个阶段的目的是找到一些不仅是有可能的，而且是合适的方案，想要的结果是合适方案的清单。基于以下两方面，该方案被认为是合适的：首先，每个合适的方案与个人的偏好相符；其次，个人符合该方案的要求。考察某个方案是否真正适合个人，涉及两个条件：一是在个人认为最重要的方面上检查每一个可能方案与个人偏好的符合程度；二是在其他重要的方面上检查该方案与个人偏好的符合程度。有可能的方案都是在排除阶段后筛选留下的，它们在重要的方面上多少和个人的偏好相符合。在深度探索阶段，一方面随着得到更多的、更具体的信息，个人的偏好是会被调整的。另一方面，个人满足特定方案要求的程度，也包含两个条件：一是考察个人是否真正能达到方案核心方面规定的要求；二是考察实现每个方案的可能性，一方面考虑个人过去的教育背景、实践经验等，另一方面要考虑每个有可能方案的先决条件（如最低的从业资格）。最后，希望个人能通过自己的努力来提高实现某个有希望方案的可能性。

3. 挑选最合适方案阶段

第三阶段的目的是根据个人的偏好与能力，挑选对于个人来说最合适的方案。

（1）挑选最合适的方案。许多人会在第二阶段结束时得到一个合适的方案，并据此收集相应的信息。在这种情况下，没有必要再比较方案了。但是深度探索阶段结束时也可能得到两个或更多合适的方案，个人为了挑选最合适的一个，不得不比较这些方案，这时就要关注它们的特点，将方案的优缺点进行比较，考虑方案之间的平衡并挑选其中之一。

（2）挑选其他合适的方案。职业决策通常是在不确定的状态下做出的，职业方案实现的可能性也经常是不确定的。比如，得到一份工作的可能性不仅仅取决于个人是否满足了它的最低要求，而且还有赖于其他应聘者的人数和品质，所以，在挑选了偏爱的“最合适的”方案之后，个体必须使用收集到的信息评估实现该方案的可能性，如果肯定能够实现，就没有必要再挑选次等的方案；但如果存在不确定性，建议回到前面的步骤，搜寻更多的、可能被认为是“次等的”但仍然适合的方案；如果第一和第二方案实现的可能性都相当低，建议考虑第三、第四方案等。

总之，决策理论重视个人生涯发展时的历程及抉择，并且因为牵涉个人价值观，所以除了搜集正确的客观资料之外，更重要的是要了解、澄清个人独特的价值观。因此，虽然有大多数人所认同的具体步骤可供参考，但个人主观的价值评判才是最重要的决策依据。

二、职业生涯决策的方法

（一）CASVE 循环法

CASVE 循环法是一种职业生涯规划决策技术，包括沟通、分析、综合、评估和执行五个阶段。CASVE 循环法可以在整个职业生涯决策和问题解决过程中为决策者提供指导。CASVE 循环法如图 5-1 所示。

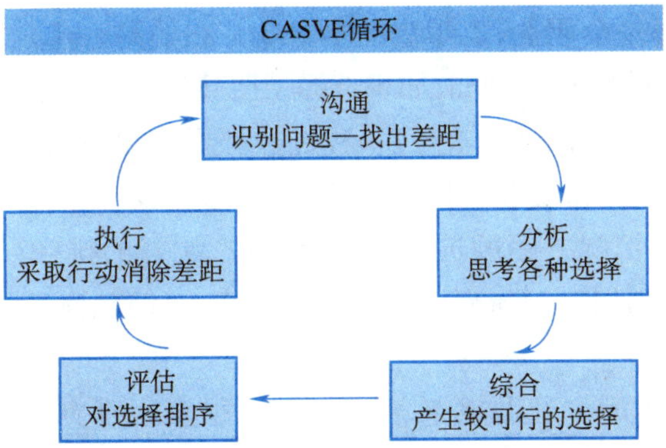

图 5-1　CASVE 循环法

1. 沟通

在这个阶段，我们收集到了关于职业理想与现实之间存在差距的信息。这些信息可能通过内部或外部交流途径传达给我们。内部沟通包括情绪信号，例如不满、厌烦、焦虑和失望，还有身体信号，如昏昏欲睡、头痛、胃部疾病等。外部沟通包括父母对你的职业规划的询问，同事、朋友对你的职业评价，或者是杂志上关于你的专业正在逐渐过时的文章。

这是意识到自己需要做出选择的阶段。在这个阶段，我们通过各种方式充分接触和思考问题，发觉存在的差距已不容忽视。

2. 分析

在这个阶段，职业生涯决策者需要花时间去观察、思考、研究，从而更充分地了解差距，了解自己有效地做出反应的能力。好的职业生涯决策者避免用冲动行事来减轻在沟通阶段所体验的压力或痛苦，因为他们知道这是无效的，甚至可能使问题恶化。他们要弄清楚，要解决这个问题我需要了解自己的哪些方面，了解环境的哪些方面，需要做些什么才能解决问题，为什么我有这样的感受，家庭会怎么看待我的选择等问题。

这是了解我自己和我的各种选择的阶段。在这一阶段，生涯决策者通常会增长自我知识，不断了解职业需要和家庭需要。简单地说，在分析阶段，职业生涯决策者应尽可能了解造成在第一阶段发现的差距的原因。

分析阶段还需要把各种因素和相关知识联系起来，例如，把自我知识和职业选择联系起来；把家庭和个人生活的需要融入职业选择中。

3. 综合

在这一阶段主要是综合和加工上一阶段信息，从而制订消除差距的行动方案。其核心任务是确定我可以做什么来解决问题。这是一个扩大再缩小选择清单的过程。首先，尽可能多地找到消除差距的方法，发散地思考每一种办法，甚至进行“头脑风暴”。然后，减少有效方法的数量，通常缩减到 3 至 5 个选项，因为这是我们头脑中记忆和工作最有效的数目。

4. 评估

评估阶段将选择一个职业、工作或大学专业。它的第一步是评估每一种选择对职业生涯决策者和他人的影响。例如，如果选择了服兵役，这一选择将会给自己、伴侣、父母、孩子等重要的人带来什么影响？每一种选择都要从对自己和对他人的代价和益处两方面进行评价，并综合物质上和精神上的因素。第二步是对综合阶段得出的选项进行排序。能够最好地消除差距的选项排在第一位，次好的排在第二位，以此类推。此时，职业生涯决策者会选出一个最佳选项，并且承诺去实施这一选择。

5. 执行

这是实施选择的阶段，把思考转换为行动。很多人都觉得在执行阶段制订行动计划是令人兴奋的和有价值的，因为他们终于可以开始采取积极行动去解决问题了。

CASVE 循环是一个不断重复的过程。在执行阶段之后，职业生涯决策者又回到沟通阶段，确定已经选取的选择是不是最好的，是否能最有效地消除理想与现实间的差距。CASVE 决策技术无论是对解决个人职业规划问题，还是解决团体问题都非常有用。系统地运用这五个步骤，会使你成为一个更有效率的人。

（二）决策平衡单法

职业生涯决策的平衡单是协助决策者综合与职业选择相关的各个要素，作出科学决策的一种方法。当我们面临多种选择时，每种选择对我们都会产生不同的影响，决策平衡单把这些选择可能产生的影响放到统一的框架中进行分析，引导个体认真思考每种选择对自身和他人造成的精神和物质方面的得失，并按照重要性给每个因素赋予权重，之后对每个选项给出分数。具体步骤如下。

（1）列出自己潜在的 3~5 个职业选项，排列在决策平衡单的顶部。

（2）判断各个职业选项的利弊得失，集中于四个方面进行评估，分别是自我物质方面的得失、他人物质方面的得失、个人精神方面的得失、他人精神方面的得失。

自我物质方面的得失，包括收入、升迁机会、工作稳定性、工作环境的安全、休闲时间、对健康的影响、就业机会、足够的社会资源等；他人（父母、配偶、师长等）物质方面的得失，包括家庭经济、家庭地位、与家人相处的时间等；个人精神方面的得失，包括生活方式的改变、成就感、自我实现的程度、挑战性、兴趣的满足、能力的满足、价值观的满足等；他人（父母、配偶、师长等）精神方面的得失，包括成就感、自豪感、依赖感等。

（3）为各考虑项目赋予权重，对个人而言，每个项目的价值是不同的，个体可以主观地给每个项目赋予权重（如 1~5），一个项目越重要，其权重越高，5 为最高权重，表示“非常重要”，3 代表“一般”，1 代表“最不重要”。

（4）给各考虑项目评分，决策者为每个项目赋予数值，代表得失程度，“+”“-”号分别代表得与失，分值在 -5~5 分之间，其中 5 分代表“完全满足”，0 分代表“不知道或无法确定”，-5 分代表“完全不满足”。

（5）逐一计算各个职业选项的得分，与权重相乘，计算各个选项的总分。

（6）将每一项目所有正负积分相加，得出总分。排列各个职业选项的优先顺序，即可作为个体职业生涯决策的依据。

决策平衡单见表 5-2。

表 5-2　决策平衡单

职业选择项目		重要性	职业选择一		职业选择二		职业选择三	
考虑因素		权重（1~5）	得（+）	失（-）	得（+）	失（-）	得（+）	失（-）
个人物质方面的得失	收入							
	升迁机会							
	工作稳定性							
	工作环境的安全							
	休闲时间							
	对健康的影响							
	就业机会							
	足够的社会资源							
	其他							
他人物质方面的得失	家庭经济							
	家庭地位							
	与家人相处的时间							
	其他							
个人精神方面的得失	生活方式的改变							
	成就感							
	自我实现的程度							
	挑战性							
	兴趣的满足							
	能力的满足							
	价值观的满足							
	其他							
他人精神方面的得失	成就感							
	自豪感							
	依赖感							
	其他							
加权后合计								
加权后得失差								

（三）SWOT 分析法

SWOT 分析是一种非常有效的职业决策工具。S 代表 Strength（优势），W 代表 Weakness（弱势），O 代表 Opportunity（机会），T 代表 Threat（威胁）。其中，S、W 是内部因素，O、T 是外部因素。如果我们对自己做一个细致的 SWOT 分析，那么，我们会很清楚地知道自己的优点和弱点在哪里，并且会仔细地评估出自己所感兴趣的不同职业道路的机会和威胁所在。

一般来说，在进行 SWOT 分析时，应遵循以下步骤。

1. 分析环境

环境包括内部环境和外部环境。内部环境指能力、优势等因素；外部环境指社会、家庭、行业状况、就业形势等因素。

2. 构建 SWOT 矩阵

将以上因素按对职业生涯决策的影响程度排列出来，各个问题的重要程度可以用对比矩阵技术分析得出。职业决策中的 SWOT 矩阵见表 5–3。

表 5–3　职业决策中的 SWOT 矩阵

内部因素	优势 (S)：个体可控并可用的内部积极因素 工作经验 教育背景 特定的可转移技巧（沟通、领导能力等） 人格特征（职业道德、自我约束、工作压力、创造性等） 广泛的人际关系网络 专业的影响力	劣势（W）：个体可控并努力改善的内部消极因素 缺乏工作经验 缺乏目标，自我认识和工作认识不足 学习成绩差，专业不对口，缺乏专业知识 较差的领导能力、人际交往技巧、团队合作能力等 负面的人格特征（职业道德、自律性、工作动机、情绪化等）
外部因素	机会（O）：个体不可控但可利用的外部积极因素 就业机会增加 再教育机会 专业领域急需人才 自我提高所带来的机遇 专业晋升机会 专业发展机会 职业道路选择带来的独特机会 地理位置优势 强大的关系网	威胁（T）：个体不可控但是可以弱化的外部消极因素 就业机会减少 同专业名校大学生带来的竞争 具有丰富技能、经验、知识的竞争者 缺少培训、再学习所造成的职业发展障碍 工作晋升有限 专业领域发展受限 岗位不再聘用与你同等学力或专业的员工

3. 组合决策类型

遵循内部因素与外部因素结合的原则，可组合出四种类型，见表 5-4。

表 5-4　SWOT 分析

内部环境分析	外部环境分析	
	机会（O） （1） （2） （3）	威胁（T） （1） （2） （3）
优势（S） （1） （2） （3）	机会 - 优势（OS）策略 （1） （2） （3）	威胁 - 优势（TS）策略 （1） （2） （3）
劣势（W） （1） （2） （3）	机会 - 劣势（OW）策略 （1） （2） （3）	威胁 - 劣势（TW）策略 （1） （2） （3）

构建这样的组合是为了制订出相应的策略，以发挥优势因素，利用机会因素，克服劣势因素，化解威胁因素。SWOT 分析法要求必须对组合类型进行系统的、综合的分析，才能得出一系列适合自己的可选择的策略。由于各种因素都在随时间发生变化，我们的选择应该时时调整。大学生可以每隔一段时间做一次 SWOT 分析，在校期间至少要做两次。

SWOT 分析的目的是强化优势，抓住机会。如何化解威胁，对待劣势，应具体情况具体分析。如果威胁一直存在，不能回避，就要用优势战胜它。如果劣势不构成职业生涯发展的障碍，就不要太在意，反之，要尽可能地去弥补。一般而言，花时间去弥补劣势，不如花同样的时间强化自己的优势。

（1）OS 策略（最大与最大策略），即着重考虑机会因素和优势因素，目的在于努力使这两种因素都趋于最大；

（2）TS 策略（最小与最大策略），即着重考虑威胁因素和优势因素，目的是努力使威胁因素趋于最小，使优势因素趋于最大；

（3）OW 策略（最大与最小策略），即着重考虑机会因素和劣势因素，目的是努力使机会趋于最大；使劣势趋于最小。

（4）TW 策略（最小与最小策略），即考虑威胁因素和劣势因素，目的是努力使这两种因素都趋于最小。

OS 策略是四大策略中最重要的，因为很多劣势是难以弥补的，与其着重于弥补劣势，还不如突出优势。因此在几个自己感兴趣的职业目标中选择与OS策略最匹配的职业目标，这样自己的努力也将更容易出现回报，事半功倍。

三、职业生涯决策应注意的问题

影响我们进行职业生涯决策的因素是复杂的，作决策时，我们也面临着很多困难，如何在面临多种选择的时候作出科学的选择呢？

（一）作职业生涯决策时要正确面对各种困难

克朗伯兹从1983年就开始注意到决策的个人规则及相应的困难，他认为在进行职业生涯决策时会遇到五种困难，前文已有描述，此处不再赘述。

对于大学生来说，职业生涯决策的困难来源也是多方面的。生涯决策的困难因素是指不利于我们生涯发展的个人因素。这些因素对我们进行职业选择不利，或造成职业生涯发展困境长久无突破，职业生涯决策的困难主要包括下列八个因素。

（1）意志薄弱。个人的职业选择容易受到外在因素的影响，例如父母、朋友的价值观的影响，一旦受到反向影响，个人就会减少投入的时间和精力，甚至放弃自己真正的目标。

（2）行动犹豫。对自己缺乏信心、充满担心而迟迟未采取与职业发展有关的活动。

（3）资讯探索困难。不能积极去搜集相关产业、行业、职业的信息，或不清楚获得这些信息的渠道，或不知道如何利用这些信息。

（4）特质表现。个性方面存在障碍，例如没有主见、被动，习惯由他人为自己作决定，不愿意自己作规划，积性主动性不高等。

（5）方向选择。对自己所作的职业抉择感到怀疑，或是目前有多种选择，不知如何着手。

（6）科系选择。自己所读的专业并不符合自己的期待，或是不适合自己的。

（7）学习状况。对自己的学习成果不满意而产生的负向效应，或知识、能力的储备不够。

（8）思想意识。不愿意从事具有挑战性的工作，不愿意干脏、苦、累的工作，不愿意到基层就业等。

因此，大学生在进行职业生涯决策时，要重视种种困难，要正确面对问题，不要逃避问题，特别是要克服不努力的态度，要积极面对可能出现的问题，通过自身的努力寻求最优的选择。同时，面对困难也可以向信任的人求助，向朋友、学长、家长、职业顾问求助。

（二）作职业生涯决策需要结合自己的性格、特长和兴趣

职业生涯能够成功发展的核心，就在于所从事的工作正是自己所擅长的。如果一

个人性格内向、不善与人沟通,没有很好的交际意识,那么这个人就很难成为一名成功的管理人员。制订职业生涯规划一定要认真分析自己的优缺点。从事一项自己擅长并喜欢的工作,会很愉快,也容易脱颖而出。这正是成功的职业生涯规划的核心。

(三)要考虑实际情况,并具有可执行性

很多人刚开始时有雄心壮志,一心想着出人头地。在实际工作中,有时确实会存在一定偏差,但是更多的时候却是一个积累的过程,包括资历的积累、经验的积累、知识的积累等,所以职业规划不能好高骛远,而要根据自己的实际情况和社会情况,一步一个脚印,层层晋升,最终方能成就梦想。

(四)职业生涯决策必须有可持续发展性

职业生涯决策不能只有一个阶段性的目标,而要有明确的、长期的生涯目标,而且职业生涯目标应该是一连串的、可以贯穿自己整个职业发展生涯的远景展望。今天的生活状态不由今天决定,它是我们过去生活目标的结果;明天的生活状态不由未来决定,它将是我们今天生活目标的结果。如果职业生涯决策定得过于短浅,又没有后续决策点作为支撑,肯定会使人丧失奋斗的热情,且不利于自己长远发展。

项目训练

了解你的创造力

——威廉斯创造力倾向测量表

威廉斯创造力倾向测量表通过测验个人的一些性格特点(包括冒险性、好奇心、想象力和挑战性),来测量个人的创造性倾向。它可以用来发现那些有创造性的个体。拥有高创造力的个体在进行创造性工作时更容易成功,创造力低的个体则循规蹈矩,更适合进行常规型的工作。

测试说明:

在下列的句子中,如果发现某些句子所描写的情形很适合你,则请你在答题卡上"完全符合"的选项内打"√";

若有些句子仅是在部分时候适合你,则在"部分符合"的选项内打"√";

如果有些句子对你来说根本是不可能的,则在"完全不符合"的选项内打"√"。

注意:

每一题都要做,不要花太多的时间去想。所有的题目都没有正确答案,凭你读每一题后的第一印象作答。虽然没有时间限制,但应尽可能地争取以较快的速度完成,越快越好。切记,凭你自己的真实感觉作答,在最符合自己情形的选项内打"√"。每一题只能打一个"√"。

试题：

1. 在学校里，我喜欢试着对事情或问题进行猜测，即使不一定都猜对也无所谓。
2. 我喜欢仔细观察我没有看过的东西，以了解详细的情形。
3. 我喜欢听变化多端和富有想象力的故事。
4. 画图时我喜欢临摹别人的作品。
5. 我喜欢利用旧报纸、旧日历以及旧罐头等废物来做成各种好玩的东西。
6. 我喜欢幻想一些我想知道或想做的事。
7. 如果事情不能一次完成，我会继续尝试，直到成功为止。
8. 做功课时我喜欢参考各种不同的资料，以便了解多方面的知识。
9. 我喜欢用相同的方法做事情，不喜欢去找其他的新方法。
10. 我喜欢探究事情的真假。
11. 我喜欢做许多新鲜的事。
12. 我不喜欢交新朋友。
13. 我喜欢一些不会在我身上发生的事情。
14. 我喜欢想象有一天能成为艺术家、音乐家或诗人。
15. 我会因为一些令人兴奋的念头而忘记其他的事。
16. 我宁愿生活在太空站，也不喜欢待在地球上。
17. 我认为所有的问题都有固定的答案。
18. 我喜欢与众不同的事情。
19. 我常想知道别人正在做什么。
20. 我喜欢故事或电视节目所描写的事。
21. 我喜欢和朋友在一起，和他们分享我的想法。
22. 如果一本故事书的最后一页被撕掉了，我就自己编造一个故事把结局补上去。
23. 我长大后，想做一些别人从来没想过的事情。
24. 尝试新的游戏和活动，是一件有趣的事。
25. 我不喜欢太多的规则限制。
26. 我喜欢解决问题，即使没有正确的答案也没关系。
27. 有许多事情我都很想亲自去尝试。
28. 我喜欢没有人知道的新歌。
29. 我不喜欢在班上同学面前发表意见。
30. 当我读小说或看电视时，我喜欢把自己想象成故事里的人物。
31. 我喜欢幻想 200 年前人类生活的情形。
32. 我常想自己编一首新歌。
33. 我喜欢翻箱倒柜，看看有些什么东西在里面。
34. 画图时，我很喜欢改变各种东西的颜色和形状。

35. 我不敢确定我对事情的看法都是对的。
36. 对于一件事情先猜猜看，然后再看是不是猜对了，这种方法很有趣。
37. 玩猜谜之类的游戏很有趣，因为我想要知道结果如何。
38. 我对机器有兴趣，也很想知道它里面是什么样子，以及它是怎样转动的。
39. 我喜欢可以拆开的玩具。
40. 我喜欢想一些点子，即使用不着也无所谓。
41. 一篇好的文章应该包含许多不同的意见和观点。
42. 为将来可能发生的问题找答案，是一件令人兴奋的事。
43. 我喜欢尝试新的事情，目的只是想知道会有什么结果。
44. 玩游戏时，我通常是有兴趣参加，而不在乎输赢。
45. 我喜欢想一些别人常常谈论的事情。
46. 当我看到一张陌生人的照片时，我喜欢去猜测他是怎样的一个人。
47. 我喜欢翻阅书籍及杂志，但只是想知道它的内容是什么。
48. 我不喜欢探询事情发生的各种原因。
49. 我喜欢问一些别人没有想到的问题。
50. 无论在家里或在学校，我总是喜欢做许多有趣的事。

答题卡见表 5-5。

表 5-5　威廉斯创造力倾向测量表答题卡

题目	完全符合	部分符合	完全不符	题目	完全符合	部分符合	完全不符
1				15			
2				16			
3				17			
4				18			
5				19			
6				20			
7				21			
8				22			
9				23			
10				24			
11				25			
12				26			
13				27			
14				28			

（续表）

题目	完全符合	部分符合	完全不符	题目	完全符合	部分符合	完全不符
29				40			
30				41			
31				42			
32				43			
33				44			
34				45			
35				46			
36				47			
37				48			
38				49			
39				50			

评分说明：

威廉斯创造力倾向测验共有50题，包括冒险性、好奇心、想象力、挑战性四项；测试后可得四种分数，加上总分，可得五项分数。分数越高，创造力水平越高。

冒险性：包括1、5、21、24、25、28、29、35、36、43、44这11道题。其中29、35为反向题目。记分方法分别为：正向题目，完全符合3分，部分符合2分，完全不符合1分；反向题目：完全符合1分，部分符合2分，完全不符合3分。

好奇心：包括2、8、11、12、19、27、33、34、37、38、39、47、48、49这14道题。其中12、48为反向题目。记分方法同前。

想象力：包括6、13、14、16、20、22、23、30、31、32、40、45、46这13道题。其中45为反向题目。记分方法同前。

挑战性：包括3、4、7、9、10、15、17、18、26、41、42、50这12道题。其中，4、9、17为反向题目。记分方法同前。

项目回顾

1. 影响职业生涯决策的因素有哪些？
2. 大学生在进行职业生涯决策时应该注意什么问题？
3. 尝试运用决策平衡单法，进行自己的职业选择。

项目六

大学生职业生涯规划的设计

项目导入

有一个故事,说明了清晰的目标和方向对大学生人生成功的重要意义。

比塞尔是西撒哈拉沙漠中的一个小村庄,它靠在一块1.5平方千米的绿洲旁,从这儿走出沙漠一般需要3昼夜的时间,可是在肯·莱文1926年发现它之前,这儿的人没有一个走出过大沙漠。

肯·莱文作为英国皇家学院的院士,当然不相信走不出沙漠的说法。他用手语向这儿的人询问原因,结果每个人的回答都一样:从这儿无论向哪个方向走,最后都还是要转到这个地方来。为了证实这种说法的真伪,他做了一次实验,从比塞尔向北走,结果3天半就走了出来。

比塞尔人为什么走不出来呢?肯·莱文非常纳闷,最后他只得雇一个比塞尔人,让他带路,看看到底如何。他们带了半个月的水,牵上两匹骆驼,肯·莱文收起指南针等现代化设备,只拄一根木棍跟在后面。

10天过去了,他们走了大约1 287千米的路程,第11天的早晨,一块绿洲出现在眼前。他们果然又回到了比塞尔。这一次肯·莱文终于明白了,比塞尔人之所以走不出沙漠,是因为他们根本不认识北斗星。

在一望无际的沙漠里,一个人如果凭着感觉往前走,他会走出许许多多、大小不一的圆圈,最后的足迹十有八九是一把卷尺的形状。比塞尔村处在一望无际的沙漠中间,方圆上千千米内没有一点参照物,若不认识北斗星又没有指南针,想走出沙漠,确实是不可能的。

肯·莱文在离开比塞尔时,带了一位叫阿吉特的青年,这个青年人就是上次与他合作的人。他告诉这个青年,只要白天休息,夜晚朝北面那颗最亮的星走,就能走出沙漠。阿吉特照着去做,三天之后果然来到了沙漠的边缘。

现在比塞尔已是西撒哈拉沙漠中的一颗明珠，每年有数以万计的旅游者来到这儿。阿吉特作为比塞尔的开拓者，他的铜像被立在小城中央。铜像的底座上刻着一行字：新生活是从选定方向开始的。

思考：职业生涯规划确立了人生目标，而目标正是成功者与平庸者的分水岭。你认为大学生进行职业生涯规划设计的意义是什么？

启示

一个人无论现在多大年龄，他真正的人生之旅，是从设定目标的那一天开始的，以前的日子只不过是在绕圈子而已。明确的奋斗目标，是人生的北斗星照亮你前进的方向，会让你的生命变得更加精彩耀眼。

项目目标

1. 掌握职业生涯规划设计的步骤与方法。
2. 学会撰写职业生涯规划书。

任务一

职业生涯规划的步骤和方法

一、职业生涯规划的原则

（一）利益整合原则

利益整合原则是指在进行职业生涯规划时，不仅要顾及自我的发展与利益，还要考虑自己的利益与家庭、专业领域发展、社会利益相整合。这种整合不是以牺牲哪一方利益为代价，而是在自身发展的前提下，处理好个人发展和家庭、社会发展的关系，寻找个人发展与其他方面发展的结合点。每个人都是在家庭的呵护下、社会的环境中学习和发展的，因此个人在实现自我的目标和价值的同时，有责任兼顾家庭、社会的需求，只有这样才能够承担起一个社会人的责任。

（二）协作进行原则

协作进行原则是指职业生涯规划的各项活动都要由他人与自己共同制订、共同实施、共同参与完成。职业生涯规划是一个复杂而重要的人生课题，需要认真对待。在这个规划过程中，当事人是规划的主导者，但规划不能是一个人的战斗，需要多个人合力一起协作完成，不仅包括职业规划专业指导老师、家人、朋友等的参与，而且包括工作伙伴，甚至还有行业内专业人士的参与。在这个规划过程中，学习的知识越充分，采纳的建议越多，越容易找到自己的方向并作出正确的选择，制订出好的计划。当然，在这个过程中，要学会分析与吸纳众人的建议，不能一意孤行，但也不可照单全收、失去自我。

（三）动态与静态结合原则

动态与静态结合原则是指在未来职位的供给方面、在实践学习与工作中，除了要注重自身的良好成长外，还要注重自己在成长中所能开拓和创造的可能性。因此，职业生涯规划不是死板的教条，一旦做出就无法更改的，而是在动态发展的过程中，可根据实际情况不断修正、补充与调整。但这并不是说所有的目标或规划都可以随时改变，那样的话就失去了规划的意义。职业生涯规划是经过较长时间的充分学习、思考与分析做出的，是一个人较长时间内的发展计划。因此，该规划一旦确定，就不能轻易改动，这是职业生涯规划的静态表现。只有充分地理解了职业生涯规划的动与静的特点与原则，才能够做到动静结合、协调前进。

（四）时间梯度原则

时间梯度原则是指由于人生具有发展阶段和职业生涯周期，职业生涯规划与管理就必须分解为若干个阶段，并划分到不同的时间段内完成，每一时间阶段又有“起点”和“终点”，即“开始执行”和“完成目标”两个时间坐标。我国经济社会发展规划都是以五年为一个单位，职业生涯规划也应如此，因为人生不同的年龄阶段有不同的发展课题，这就需要我们根据这些时间节点做出具有实际指导意义的规划。如果没有明确的时间规定职业生涯规划就会陷于空谈和失败。

（五）发展创新原则

职业生涯规划，并不是指制定一套规章程序，让自己循规蹈矩、按部就班地完成，而是要让自己发挥自身的能力和潜能，达到自我目标的实现，创造自身最大的价值。现代社会的发展离不开创新，我们无论在哪一个工作岗位上，都要有创新精神，只有这样，才能够跟上时代的要求，达到自己的人生巅峰。

二、职业生涯规划的步骤

职业生涯规划的步骤主要包括自我评估、环境分析、职业定位、选择职业路线、制订行动方案、评估与反馈等，如图 6-1 所示。

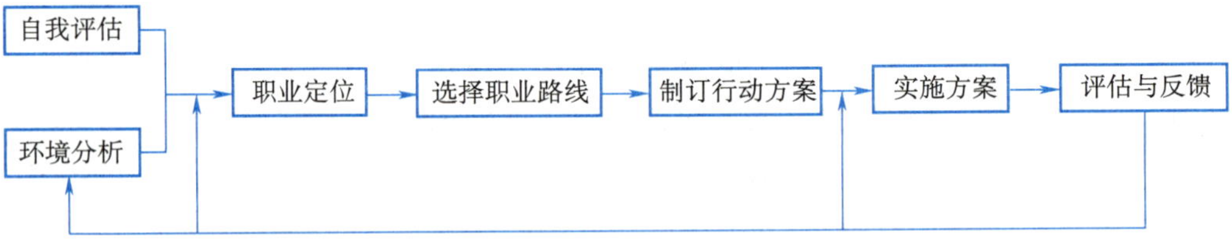

图 6-1　职业生涯规划的步骤

（一）自我评估

自我评估主要包括对个人的需求、能力、兴趣、性格、气质等的分析，以确定什么样的职业比较适合自己和自己具备哪些能力，从而认识自己的优势和劣势。关于自我评估的方法前文已有详细叙述。

（二）环境分析

短期的规划比较注重对组织环境的分析，长期的规划则应更多地注重对社会环境的分析。通过对环境的分析，可以发现职业发展机会和威胁。通过对社会环境的分析，结合本人的具体情况，评估有哪些长期的发展机会；通过对组织环境的分析，评估组织内有哪些短期的发展机会。

（三）职业定位

职业定位即职业的选择，包括人生目标、长期目标、中期目标与短期目标的确定，它们分别与人生规划、长期规划、中期规划和短期规划相对应。首先要根据个人的专业、性格、气质和价值观以及社会的发展趋势确定自己的人生目标和长期目标，然后再把人生目标和长期目标细化，根据个人的经历和所处的组织环境制定相应的中期目标和短期目标。通过自我评估、生涯机会的评估，认识自己、分析环境，在此基础上对自己的职业作出选择。也就是在选择职业时，要充分考虑到自身的特点，即自己的性格、兴趣和特长；要充分考虑到环境因素对自己的影响，分析自我、了解自己，分析环境、了解职业世界，使自己的性格、兴趣、特长与职业相吻合。这一点对即将步入社会初选职业的大学生非常重要。

（四）选择职业路线

选择职业路线即在选择职业后，还须考虑向哪一路线发展。是走行政管理路线，向行政方面发展；还是走专业技术路线，向业务方面发展等。发展路线不同，其要求也就不同，这一点不能忽视。因为，即使同一职业也有不同的岗位，有的人适合做行政，可以在管理方面大显身手，成为一名卓越的管理人才；有的人适合作研究，可在某一领域有所突破，成为一名著名的专家学者；有的人适合经营，可在商海大战中屡建功勋，成为一名经营人才。一个人如果不具有管理才能，却选择了行政管理路线，就很难成就事业，其他亦然。

（五）制订行动方案

制订行动方案即把目标转化成具体的方案和措施，这一过程中比较重要的是职业的选择、职业路线的选择、相应的教育和培训计划的制订。

（六）评估与反馈

职业生涯规划的评估与反馈过程是个人不断认识自我的过程，也是不断认识社会的过程，是使职业生涯规划更加有效的有力手段。

三、职业生涯规划的方法

（一）朴素的职业生涯规划方法

伍德（Wood）曾整理出七种一般人常用的职业生涯规划方法，这些生涯规划方法虽然有失科学性，但在现实生活中却还大量存在，我们有必要了解与掌握。

1. 自然发生法

一切都顺其自然，遵从“上级”的安排。不太强调个体成就感和自我幸福感的时期，一切听指挥，发展听安排，并没有真正的职业生涯规划。

今天，很多大学生在大学期间并没有认真思考或学习职业生涯规划的相关知识，有的学生甚至压根就没有考虑过以后自我发展方向的问题，对自我的认识、需要、兴趣爱好、能力特长并没有进行深入的思考与分析。临近毕业，很多学生顺水推舟、顺其自然地找个工作，草草签约，对自己未来的发展规划思考甚少。这种方法比较省心，不会遇到太多的选择烦恼，但这种完全不考虑自己的性格特点、能力、个性倾向以及工作条件的方式，很难在以后的工作中激发个体内在的潜力与动力。

2. 目前趋势法

从众心理是人类自我保护的本能表现，所以才出现了“热门”以及“随大流”。中国的职业生涯规划教育开展并不全面，甚至可以说是比较落后。因此，在整个职业选择过程中，目前趋势法在当下还是比较流行的。学生考上大学填报志愿时，很多家长或老师首先分析的就是哪些专业是热门，找工作“吃香”，而不是根据孩子的自身特点，探索适合孩子发展的专业。殊不知，这种盲目的跟风选择很容易导致“热门饱”和“变冷门”，反而增加了职业发展的风险。

3. 假手他人法

假手他人法是指由他人代替自己作出选择或决定。这些人包括父母、亲戚、朋友、老师等。中国的职场发展特别重视人脉与资源，尤其是父母人脉资源丰富的同学，在读书期间已经被安排好了“后路”，就业工作已经没有后顾之忧。但这样的“被安排”是否真正符合一个人的个性特点与发展需求，职业生涯发展能够维持多久，难以确定。

4. 最少努力法

时下有一句流行的话是“长得好不如生得好，生得好不如嫁得好”。尽管不同的人对此看法不同，但是我们要注意区分，人们说这句话是“出于正义感的否定”，还是源于“酸葡萄心理”的“羡慕嫉妒恨”。当然从存在主义的角度来讲，如果我们能够一如既往地“为自己的选择承担责任”，并且任何时候都能够坚定地为自己的行为负责，那就是自己的事情了。但要想走“捷径”，也必然要有足够的思想准备，“不劳而获，天上掉馅饼”这样的好事，最后往往是要付出代价的。

5. 拜金主义法

合法合理地追求经济利益最大化这一点本身没有错，但如果盲目地追求无法持续的经济利益，无论对于个体、集体，还是对于整个人类世界来说，最后都会是灾难性的。因此，在职业生涯发展的过程中，看重物质与金钱并没有错，但也一定要明白，世界上永远有比金钱更重要的东西存在，当一个人除了有钱其他一无所有的时候，他是最贫穷的人。

6. 刻板印象法

刻板印象法是指以性别、年龄、社会地位等刻板印象来决定自己的择业与职业生涯发展目标。比如，女生更适合坐在办公室里，从事语言文字类、服务性的工作，而男生更适合工程师、建筑、土木、机械等理工类的工作。虽然男女差异的确造成了一些职业领域的性别优势存在，但也不能因为刻板印象而直接否定了自己"看似不可能"的职业选择领域。这种刻板印象的后果是直接导致对自我能力的进一步挖掘与探索的限制，可能会让人与真正适合自己的职业失之交臂。

7. 橱窗游走法

"有时候最好的选择就是没有选择。"这句话给了以橱窗游走法选择职业的人一个很好的借口。这些人平时并没有对自己将来的发展、行业、单位、职位等有充分的了解，而是在找工作的时候，就像看展览窗一样了解工作与岗位，看着哪个顺眼就找哪个。没有任何准备的战役，即使临时打赢了，也不知道怎么赢的，最后还是会一败涂地。

伍德提出的这七种职业生涯规划方法并不是严格意义的职业生涯规划，有的人也称之为便捷职规法，往往是没有做过系统职业生涯规划的人群用来临时救急的职业选择方法，虽然这些方法可能短时有效，在现实生活中还经常遇到，但就长远的职业生涯发展来说，不能够根据一个人的能力与需求做长远的计划，无法为个人提供长久的支持。

（二）"五步法"

"五步法"即"5W"归零思考法，是用五个问题归零思考的模式，从问自己是谁开始，然后一路问下去，共有五个问题，每个问题的前面都有一个英文字母"W"。

（1）Who am I？（我是谁？）

（2）What will I do？（我想做什么？）

（3）What can I do？（我能做什么？）

（4）What dose the situation allow me to do？（环境支持我做什么？）

（5）What is the plan of my career and life？（我的职业与生活规划是什么？）

回答了上述 5 个问题，找到它们的共同点，就有了自己的职业生涯规划。

接下来，我们一起来试一下。首先取出五张白纸、一支铅笔、一块橡皮；在每张纸的最上边分别写上以上 5 个问题；然后静下心来，排除干扰，按照顺序独立地仔细思考每一个问题。

对于第一个问题“我是谁？”回答的要点是：面对自己，真实地写出每一个想到的答案。写完后再想想有没有遗漏，如果认为确实没有了，就按重要性进行排序。

我是谁？

我的性格是：

我的能力是：

我的理想是：

我的未来是：

别人认为我是：

对于第二个问题“我想干什么？”可将思绪回溯到孩童时代，从人生初次萌生第一个想干什么的念头开始，然后随年龄的增长，回忆自己真心想干的事，并一一地记录下来。写完后再想想有无遗漏，确实没有了，再进行排序。

我想做什么？

我小时候想做的工作是：

我中学时想做的工作是：

我现在想做的工作是：

我父母希望我做的工作是：

第三个问题“我能做什么？”是对自己能力与潜力的全面总结，一个人职业的定位最根本的还要归结于自己的能力，而自己职业发展空间的大小则取决于自己的潜力。一个人对自己潜力的了解可从以下几方面入手：对事情的兴趣、做事的韧性以及知识结构是否全面等。

我能做什么？

我小时候曾做成的事情是：

我中学时曾做成的事情是：

我大学时曾做成的事情是：

我认为我还能做成的事情是：

别人认为我能做成的事情是：

对于第四个问题“环境支持我做什么？”的回答则要稍作分析：环境，有本学校、本市、本省，自小向大，只要认为自己有可能借助的环境都应在考虑范畴之内。在这些环境中，认真想想自己可能获得什么支持，搞明白后一一写下来，再按重要程度排列。

环境支持我做什么？

我所在的班级支持我做的事情是：

我所在的院系支持我做的事情是：

我所在的学校支持我做的事情是：

我所在的城市支持我做的事情是：

如果能够成功回答第五个问题“我的职业与生活规划是什么？”，我们就有了最后的答案了。具体做法如下：把前四张纸和第五张纸一字排开，然后认真比较第一至第四张纸上的答案，将内容相同或相近的答案用一条横线连起来，我们会得到几条连线，而不与其他连线相交又处于最上面的线，就是我们最应该去做的事情，我们的职业生涯就应该以此为方向。在此方向上以三年为单位，提出近期、中期与远期的目标；再根据近期的目标中提出今年的目标；将今年的目标分解为每季度目标、每月目标、每周目标、每日目标。这样，我们每天睡前就可以对照自己的目标进行反省，总结当日成就与失误、经验与教训，修正明天的目标与方法，第二天醒来后稍加温习就可以投入行动了。这样日积月累，就没有不能实现的规划。

（三）“三角模式”法

美国伊利诺伊大学的斯威恩（R.Swain）教授为帮助大学生对自己的职业生涯作出良好的规划，提出了职业生涯规划的三角模式。他认为职业生涯目标的决策来自三个方面的依据：“自我”“环境”和“教育与职业”。职业生涯规划的过程就是通过价值观、个人兴趣、个人风格的自我评估，结合来自家庭和环境等社会背景的助力或阻力的分析，再根据在教育和职业的实践、考察中树立起来的榜样，逐渐发展对自己职业生涯的认同，最终建立起自己的职业生涯目标，如图 6-2 所示。

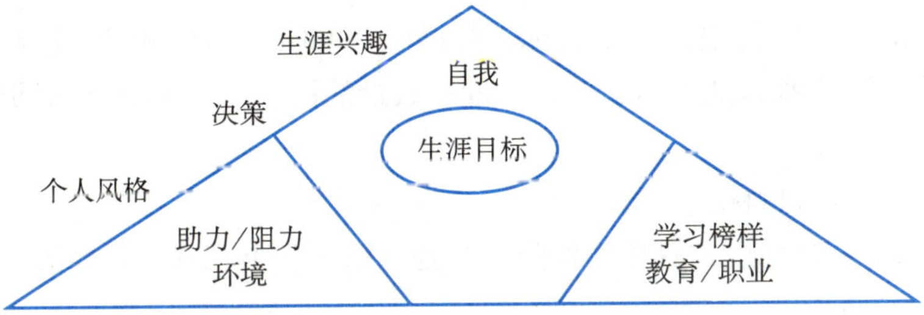

图 6-2 “三角模式”职业生涯规划

（四）PPDF 法

PPDF 的英文全称是 Personal Performance Development File，即个人职业表现发展档案，也可译成个人职业生涯发展道路。发达国家的很多企业都使用 PPDF 法来将自己的员工形成一种合力，提升团队凝聚力，使他们为了自己的企业目标去努力，同时实现自我价值，达到双赢。

PPDF 是两本完整的手册。员工将 PPDF 的所有项目都填好后，交给自己的直接领导一本，员工自己留下一本。员工要告诉领导自己想在什么时间内，以什么方式来达到自己的目标。领导会同员工一起研究，分析其中的每一项，给员工指出哪一个目标设计得太远，应该再近一点儿；哪一个目标设计得太近，可以将它往远处推一推。他也可能告诉员工，在什么时候应该和国家开放大学等业余培训单位联系，甚至会亲自为员工设计一个更适合员工的方案。总之，不管怎样，员工将单独地和自己相信的领导一同探讨自己该如何发展、奋斗。

PPDF 主要由以下三方面内容组成。

1. 个人情况

个人简历：包括个人的生日、出生地、部门、职务、现住址等。

文化教育：包括初中以上的校名、学校地点、入学时间、主修专业、课题等，还包括所修课程成绩，在学校负责过何种社会活动等。

学历情况：填入所有的学历、学位取得的时间，考试时间，课题以及分数等。

曾接受过的培训：曾受过何种与工作有关的培训（如在校、业余还是在职培训）、课题、形式、开始时间等。

工作经历：按顺序填写你以前工作过的单位名称、工种、工作地点等。

有成果的工作经历：写上你认为以前有成绩的工作是哪些，不要写现在的。

以前的行为管理论述：写你对工作的评价，以及关于行为管理的事情。

评估小结：对档案里所列的情况进行自我评估。

2. 现在的行为

现时工作情况：填写你现在的工作岗位、岗位职责等。

现时行为管理文档：写上你现在的行为管理文档记录，可以在这里加一些注释。

现时目标行为计划：设计一个目标，同时列出和此目标有关的专业、经历等。这个目标是有时限的，要考虑到成本、时间、质量和数量的记录。如果有什么问题，可以立刻同你的上司探讨解决。

如果你有了现时目标，它是什么？

怎样为每一个目标设定具体的期限？此处写出你和上司谈话的主要内容。

3. 未来的发展

职业目标：在今后的 3～5 年里，你准备在单位里做到什么位置？

所需要的能力、知识：为了达到你的目标，你认为应该拥有哪些新的技术、技巧、能力和经验等？

发展行动计划：为了获得这些能力、知识，你准备采用哪些方法和实际行动？其中哪一种是最好、最有效的？谁执行这些行动，什么时候能完成？

发展行动日志：此处填写发展行动计划的具体活动安排和所选用的培训方法，如听课、自学，还要填写所需时间、开始的时间、取得的成果等。这不仅仅是为了自己，也是为了了解工作、了解行为。同时，你还要对照自己的行为和经验等，写上你从中学到了什么。

拓展阅读

“五步法”示例

2009年，王先生27岁时，弟弟在美国为他办好了某名校的工商管理硕士（MBA）入学通知书，他在走与不走的犹豫中，使用“五步法”对自己进行了职业生涯规划。经过顺序整理的各组答案如下。

1. 我是谁?

一家管理咨询公司的客户服务部经理（已任职1年多，高级职称，上下级关系不错，业绩和收入都满意）。

做经理前先做了一年多客户服务员（开发业务，连续6个月业绩第一）。

来这家公司前曾在一家保险公司做过一年多的人寿保险顾问，赚了些钱，但觉得在保险业太容易受到误会和蔑视，有点受不了，所以遇到管理咨询公司招人就来了。现在越来越感到这一行的人如果工作尽责，又有一定水平，就会受到客户的尊重，比较合乎自己的性情，也能赚到一些钱。

愿做一个正派而有尊严的人。

很爱我的父亲（退休的地区行署副专员）和母亲（普通退休干部），很担心他们患有慢性病的身体，几乎每年都要回家去看望他们。

不要求很多的钱，但需要体面而丰富的生活。过去不太注意储蓄，现在只存了30多万元，不知先买汽车还是先买住房。

弟弟大学毕业后直接出国留学了，我有点羡慕他。

我很爱我的女朋友，我们准备结婚，但尚未想好时机。

大学毕业5年；身体健康；心理正常；性格外向；情绪乐观；好奇心强；学习能力不错；喜欢唱歌；有时会幻想。

2. 我想做什么?

做管理咨询公司合伙人或职业经理人。

也想做管理咨询顾问。

先去国外读MBA，再回来做管理咨询，甚至开自己的咨询公司。

和妻子共同住在属于自己的舒适的住房里，每天开着自己的汽车去工作。

在父母有生之年能够多尽一点孝心，可能的话把他们接到家里来住。

有时想与人合伙开咨询公司，自己负责业务开发，别人负责咨询专案。但现在的老板如果能吸收我做合伙人并提供更大的事业空间似乎更好些。

爱好唱歌，大学期间获得过全校歌咏比赛男子独唱冠军，做过当歌星的梦。

3. 我能做什么?

可管理公司更多的业务，并能协调公司各部门的关系。

是推广公司咨询业务的能手和指导下属开发客户的老师。

会讲业务开发的课程和一些较容易的管理课程。

会开汽车。

唱歌很迷人。

相信还可以学会很多东西。

4. 环境支持我做什么?

现有公司提供升职,有可能获得一定的股份(公司计划近期扩大为集团,投资多个专业管理咨询与管理软件公司)。

市内有多家同类公司挖我去做业务总监或副总,许诺薪酬比现在高一两倍(现在我一年大约收入20万元),有的还说不用我投资就送我股份。但我不知他们能否办好公司,而我如果真的去了他们能否兑现承诺也是个问题。

有的实业公司老板也让我去做营销部门的负责人,许以高薪、股权等。但我觉得其他行业得到的尊重不如咨询业。

可以去大学深造。也可以读在职MBA,只要有好的课程与教师。

弟弟可以帮助我联系国外的大学,但以后可能还要回来从头开始。

5. 我的职业与生活规划是什么?

继续在现在的公司好好干,不远的将来能有职位的晋升,并获得合伙创业的机会。

工作的同时选择在职MBA进修。

买房;结婚;买汽车。

经常去看父母,以后接他们来住。

有时去唱歌玩玩。

去其他公司做合伙创业者。

出国读书。

王先生不愿将自己提出的10年、6年目标明示于人;而3年的目标是:任所在公司的副总经理,攻读在职MBA,年收入50万元,成为公司的正式股东,拥有自己的住房与汽车,结婚并接来父母。不到3年,除父母不久前来住了一段时间,因嫌城市生活节奏太快、熟人太少、待不习惯而又返回之外,其他愿望都已经实现了。

任务二

职业生涯规划书的撰写

当代大学生若是一脸茫然踏入这个拥挤的社会,怎么能满足社会的需要,使自己占有一席之地? 因此,大学生需要为自己拟订一份职业生涯规划书,将自己的未来好好地设计一下,有了目标才会有动力。

一、职业生涯规划书的写作程序

(一)个人基本情况分析和职业倾向定位规划

拟订个人职业生涯规划,首先要对个人的基本情况和潜在能力作出全面、客观、真实的测定和评价,这是合理规划职业生涯的前提条件。在自我剖析、自我评定时,既要实事求是,一分为二,看到优势,找出差距,又要以发展的眼光看待自己,充分认识自己的潜能和未来发展的希望。

(二)社会环境和行业职业的分析

社会环境对每个人的职业生涯乃至发展都有重大影响,通过对社会大环境进行分析,了解所在国家和地区的政治、经济、文化、法治建设的发展方向,可以寻找各种发展机会。

行业分析是对目前所在行业或将来想从事的目标行业的环境分析,其内容包括行业发展现状、国际国内重大事件对该行业的影响、目前行业优势与问题所在、行业发展前景预测等。

职业分析则是人们需要认清所选定的职业在社会环境中的发展过程和目前的社会地位,以及社会发展趋势对职业的影响。因此,进行职业生涯规划,必须对所选定的职业有深刻的认识,这样才能根据个人实力和社会发展趋势,坚定职业长期方向,明确职业具体目标。

(三)职业生涯目标设定

目标设定是在自我认识和对社会环境及现有行业、职业分析的基础上,为自己未来职业生涯设定明确目标和方向。总之，一个人在选择职业主攻目标时，必须考虑自己的主客观因素，即个人的文化基础、智力水平、兴趣爱好、职业或所学专业状况、自身素质的优劣，以及时间的充分程度和社会的需要、时代的客观环境、单位和家庭的微观环境，权衡优劣、利弊、得失之后，确定长期目标和短期目标、宏观目标和微观目标，从而把握个人发展的方向。

（四）确定实现职业生涯目标的策略和措施

首先，要找出个人在思想观念、知识水平与结构、心理素质与能力等方面与目标要求之间的差距；其次，根据这些差距采取相应的措施和行动，如提升个人对组织的价值，进一步展示和证明自己的实力，增强人际交往能力，参加教育和培训，获取未来目标成功所需的知识与技能等；最后，制订职业生涯规划书，明确实施步骤和时间。

（五）及时反馈与修正职业生涯规划

事物都是在运动变化中的。在制订职业生涯规划时，人们对自身和外部环境了解有限，最初确定的目标也可能比较模糊，甚至有错。随着时间的推移，规划者认识的提高，自身及外部环境的变化，规划执行一段时间后，人们应不断总结经验教训，重新评估职业生涯规划，并根据具体情况对其进行修正，校正规划目标与现实目标的偏差，使之更加行之有效，以增强规划者实现职业目标的信心和决心。

二、撰写职业生涯规划书的基本要求

（一）资料翔实，步骤齐全

收集资料有多种途径，可以通过访谈、从报刊中摘抄、上网下载等方式获取资料。要尽可能注明资料的出处，并多运用图表数据来说明问题，以提高资料来源的可信度和说服力。具体要分为以下四步。

第一步，分析需求、条件及设定的目标。

第二步，分析阻碍和进行可行性研究。

第三步，设计方案和完善（改变）计划。

第四步，制订详细的实施计划和措施。

（二）论证有据，分析到位

要了解有关的职业测评理论及知识，认真审视并思考自己的测评报告，并对照自我认识与测评结果的异同，分析自我认识与测评结果形成差距的原因，从而确定自我评估结果，达到“知己”。要厘清自己所处的环境（包括居住的地方、喜欢的地方、亲朋的意见等），明确自己的最大兴趣，最喜欢与之共事的人的类型、最重视的价值与目标、最喜欢的工作条件，再通过目前环境评估（社会影响、家庭影响、学校因素、就业形势等）和当前社会环境分析（组织环境的情况、技术的发展、经济的兴衰、政策法规的影响等）来确定自己的职业方向，做到有理有据，层层深入。

（三）言简意赅，节奏紧凑，重点突出，逻辑严密

语言朴实简洁，用词精练准确，行文流畅，条理清楚，这是最基本的写作要求。撰写时还应密切注意整篇文章的结构和重心所在，职业生涯规划书一般包含对职业生涯规划的认识、对自我的剖析、对所学专业的认识、对职业方向的探索及确定目标并制订计划这五个方面的内容。在对这些内容进行分析阐述时，必须紧紧围绕职业生涯目标这条主线来展开，从而体现文章论述的逻辑性和连贯性。要将重点放在自我评估、环境评估、目标实施上，职业生涯规划是自己将来的职业规划，这个规划只有建立在对自我和职业有充分认识的基础上才能体现出它的科学性和可行性。

（四）目标明确，合理适中

撰写职业生涯规划书应围绕论述的中心展开，职业生涯目标不能过于理想化，应"择己所爱""择己所长""择世所需""择己所利"。职业生涯规划书书写是否成功，在很大程度上取决于有无正确、适当、切实可行的目标。

（五）分解合理，组合科学，措施具体

分解目标、选择实现路径要有理论依据，而且备用路径之间要有内在联系。目标组合要注意时间上的并进、连续，功能上的因果互补作用，全方位的组合（要涵盖职业生涯、家庭生活、个人事务）等方面。

（六）格式清晰，图文并茂

职业生涯规划书应该严格按照格式书写，做到清晰明了，语言精练准确，条理清楚。最好图片与文字相衬，色彩更加形象具体，使之一目了然且内容更丰富多彩，这必能为规划书增色不少。

三、大学生职业生涯规划书的基本类型

（一）表格式

这种格式的规划书为不完整的职业生涯规划书，常常仅有最简单的目标、分段实现时间、职业机会评估和发展策略等项目，有的只相当于一份完整的职业生涯规划书的计划实施方案。这种形式适合作为日常警示使用。

（二）条列式

这种格式的规划书具有职业生涯规划的主要内容，多只是作简单的表述，没有详细的材料分析和评估。内容精练，但逻辑性和说理性不强。

（三）复合式

复合式是表格式与条列式的综合。

（四）论文格式

一份优秀的论文格式的职业生涯规划书能够对一个人的职业生涯规划作全面、详细的分析和阐述，是最完整的职业生涯规划书。

四、大学生职业生涯规划书的基本内容

职业生涯规划书是对职业生涯规划的书面化呈现，不仅能呈现大学生的宏观职业生涯规划，还能对具体的学习和工作起指导及鞭策的作用。大学生职业生涯规划的基本内容主要有以下十一个方面。

（1）扉页：题目、目录、姓名及基本情况介绍等。

（2）职业方向及总体目标。

（3）社会环境分析结果：对政治环境、经济环境、法律环境、职业环境等的分析。

（4）组织分析结果：对行业、组织制度、组织文化、领导人、组织运行机制、发展领域等的分析。

（5）自我分析：对家庭因素、学校因素、自身条件及性格、潜力等的测评结果。

（6）角色及其建议：记录对自己职业生涯影响最大的一些人的建议。

（7）目标定位以及目标的分解与组合：发展战略、发展路径。

（8）成功的标准。

（9）差距：自身现实状况与要实现的目标之间的差距。

（10）缩小差距的方法及实施计划和方案。

（11）评估调整预测：评估的内容、评估的时间、规划调整的原则。

五、职业生涯规划档案的建立

建立职业生涯规划档案是大学生职业生涯规划的重要内容之一，是理论与实践的有机结合。建立职业生涯规划档案有利于大学生更好地明确职业发展的目标，更深刻地理解职业生涯规划的过程，更有针对性地实施职业生涯规划，更积极地采取行动。大

学生建立职业生涯档案就是要结合理论学习的内容，将自己与职业生涯规划有关的各种个人资料进行整理、记录，形成个人系统的探索资料，为今后的职业发展提供帮助。

职业生涯规划档案一般包括自我描述、职业清单、职业分类和探索、个人价值观、个人技能、继续探索的职业清单、目标设立与行动计划、个人简历等内容。

拓展阅读

职业生涯规划书

一、自我分析

基于人才测评分析报告以及本人对自己的认识、朋友对我的评价，我进行了客观的自我分析。

1. 职业兴趣

从测评分析报告中得出：我对抽象的、需要分析的、灵活的定向任务性质的职业比较感兴趣，对研究型、领导型、社会型、创造型的工作比较有兴趣，对其他方面的职业兴趣一般。

2. 职业能力

我的逻辑推理能力相对比较强，信息分析能力也不错，比较喜欢对复杂的事情进行思考，工作认真负责。但是，我有时想法过于复杂，以至于较难与别人交流和让别人理解。

3. 个人特质

我的观察力强；对工作的自觉性比较好，有工作热情，能够吃苦耐劳；更善于处理概念和想法，总是试图运用理论分析各种问题；对一个观点或形势能作出超乎常人的、独立准确的分析；会提出尖锐的问题，也会向自己挑战，以发现新的合乎逻辑的方法；喜欢在工作中接触人，喜欢在团体中工作；不喜欢固定的工作模式，不喜欢做一成不变的操作性工作。

4. 职业价值观

在自我测评中，自我实现取向、经营取向、才能取向的得分是最高的，我认为，如果在不考虑工资收入的前提下，我是以自己喜欢做的工作为第一；所选择的职业要有能从中不断学习知识的机会，工作的收入要不低于我的工作能力所匹配的价值；同时也会考虑这份工作是否能实现自己的目标或者自己的理想；最后也要考虑这份工作我是否适合做，我的能力是否能胜任等一些相关问题。

5. 胜任能力

（1）能力优势：头脑灵活，有较强的发展、提升意识；逻辑推理能力比较强；有团体精神；有创造性地解决问题的技能；具有探险精神、创造意识以及克服困难的勇气，独立自主；能够客观地分析和处理问题，而不是感情用事；交际能力较强；对自己要求严格；有强烈的上进心。

（2）能力劣势：做事过于理性，不喜欢按传统的、公式化的方式来办事，一旦有自己的主张就会贯彻到底，会不听别人的劝导；毅力有些不足，有时做事会半途而废；做事情有时太跟随自己的想法，一意孤行。

自我分析小结：

我认为自己职业兴趣明确，有一定的能力优势，但是也有一定的能力劣势，所以要发挥自己的优势，弥补自己的不足。平时要多对自己的不足进行强化的训练，譬如，要多练习写作，多看一些课外书，拓宽自己的视野，等等。

二、职业分析

1. 家庭环境分析

家庭经济条件不富裕，对负担我的学习费用有一定压力。家庭文化氛围很好。

2. 学校环境分析

我就读的学校是 ×× 省的普通大学，学校环境一般，教学设施基本齐全，但不是那么先进，教学水平一般。

3. 社会环境分析

我国现在大学毕业生渐渐增多，供大于求，就业率不高，失业率有上升的趋势，就业环境不是很好。

4. 职业环境分析

在我国，对金融人员的需求量不是很大，但高级技术人员短缺，社会需求量大。经济与管理这个行业的就业范围比较小，不容易找工作，现在自己多考一些证书能够拓宽就业范围。

三、职业定位

综合前面的自我分析和职业分析，本人职业定位的 SWOT 分析如下：

内部因素：优势因素（S）	劣势因素（W）
头脑灵活，逻辑推理能力较强	有时过于理性，会忽略别人的感受
工作有毅力，认真负责	不喜欢传统的工作，偶尔会有厌倦心理
具有创造力，领导能力不错	
人际关系处理得当	
外部因素：机会因素（O）	威胁因素（T）
在沿海地区工作岗位相对多些	社会环境不断变化
经济方面仍然有发展前景	竞争激烈，就业形势日益严峻

四、结论

1. 职业目标

根据自己的职业兴趣和个人能力，我希望能最终成为一名国际金融领域的精英。

2. 职业发展路径

考多种证书—企业基层管理者—企业高层管理者—行政总监。

五、计划实施方案

姓名：李 ×× 日期：2018 年 9 月

1. 大学期间：2018—2022 年

（1）学好各科专业知识，掌握经济管理行业的基本知识。

（2）英语考级：积极复习，强化英语，至少过英语六级。

（3）从大二开始，积极准备考多种金融类的证书。

（4）从现在起关注考证的各种信息，研读关于金融与保险方面的书籍。

（5）从大二开始学习法语。

（6）大二考取中级口译证书，大三考取高级口译证书。

（7）利用假期实习（和本人专业相符合的工作），积累社会经验。

2. 大学毕业后的五年：2023—2028 年

（1）若考上研究生，则继续勤奋学习。

（2）去国外留学，学习金融类和语言类专业，继续深造。

（3）去国外工作。

3. 长期计划

（1）在工作之余 不断学习各方面的知识，提高自己的能力，增长各方面见识。

（2）努力工作，积极争取提升的机会。

（3）在工作、学习之外，坚持锻炼身体。

（4）汲取他人各种优点，不断提高自身的修养。

（5）不断发现自己的不足，予以改正。

（6）建立良好的交际网，秉承“君子之交淡如水”的人生座右铭。

六、评估调整

社会是不断变化的，而且是不断向前发展的。所以对我的职业规划要作出一些风险预测，如果我不能完成以上计划，我会有以下的发展路径：

大学毕业后，没有考上研究生，则

（1）直接参加工作，累积资本，为日后出国深造打下经济基础。

（2）可以在国内找工作。

（3）也可以在国外找工作。

七、结束语

自己现阶段虽制订了职业生涯规划书，但受自己现阶段思想不太成熟的限制，以后自己的职业选择、生涯路线、人生目标都可能有一定的变动。自己在以后的工作学习中要不断地总结经验教训，使自己变得更成熟，使自己以后的规划设计更接近实际。

项目训练

职业生涯规划训练——自我评估

姓名：　　　　　　　年龄：　　　　　　　性别：　　　　　　专业：

希望的职业：

提示：或许以前由于种种原因，你没有时间仔细为自己做职业生涯规划。现在，请你选择在安静、没人打扰的环境下仔细考虑，回答以下每一道题目，它能在一定程度上帮助你理顺自己职业生涯规划管理的思路。

性格特征：

用一句话描述你自己是一个什么样的人：

性格优势（你认为应该继续保持的）：

性格劣势（你认为需要改变的）：

业余爱好：

座右铭：

你渴望成为什么样的人？

你理想中的职业是（脑海中经常出现的、孜孜以求的）：

通过努力你能实现的理想职业是什么？

什么因素制约着你对理想职业的选择?

在你的工作或实践过程中最成功和最失败的一次经历分别是什么? 原因分别是什么?

你认为事业成功最重要的因素是什么?

参加工作后你第一年计划达到的职业目标是什么? 要实现它还需要做哪些努力?

你第二年计划达到的职业目标是什么? 要实现它还需要做哪些努力?

你第三年计划达到的职业目标是什么? 要实现它还需要做哪些努力?

项目回顾

1. 职业生涯规划的原则是什么?
2. 根据所学内容,结合自身实际情况制订职业生涯规划,撰写一份职业生涯规划书。

项目七

大学生职业生涯规划的评估与调整

项目导入

俞敏洪：从转型到升级

仿佛一夜之间，朋友圈被新东方"双语带货"刷屏了，这一词条还冲上了热搜，真是火出圈！"小时候买新东方的课，长大了买新东方的货""宇宙尽头是直播带货，带货的尽头是双语直播"……网友说，买东西和学英语的都"上头"了！

2022年6月10日，在新东方旗下的"东方甄选"直播间，自嘲"脸型如同兵马俑"的英语老师董宇辉，通过中英双语，幽默风趣地直播带货，时时不忘自己英语教师的身份，讲述相关的英语单词，从而吸引了众多粉丝。三天时间，"东方甄选"抖音账号粉丝从不足100万人快速增长至330多万人，单日交易额从百万级别爆发增长至接近2000万元。

与此同时，东方甄选控股股东——港股新东方在线的股票连日大涨。6月13日，盘中一度涨超100%，刷新其上市以来最高涨幅纪录。沉寂许久的新东方，凭借"双语直播带货"，成功打了一个翻身仗。

自从去年国家开始规范课外培训行业后，新东方迎来了漫长的寒冬，美股股价一路狂跌，大量员工被迫另谋出路。作为新东方教育科技集团董事长的俞敏洪，开始为集团找出路，那转型还真不是"华丽转身"，做直播带货，他亲自上阵。然而，开播之初，业绩总体比较惨淡，有段时间直播间往往只有主播一个人。

俞敏洪深知自己的来路和去处。古罗马哲学家西塞罗曾说过一句名言：一个人如果不了解自己出生前的事情，就等于永远没有长大。俞敏洪做事情一直有一个习惯，叫"急事慢做"，他说看准了方向，慢慢把事情做起来，就能做得又稳又牢靠，"所谓流水不争先，争的是滔滔不绝"。

在那些遭遇挫折的地方，最应该长出新思想、新创意来。直播带货其实也受疫情影响，当时线下的人流还没有充分活跃起来，好在物流已逐渐开放，因而线上人气当然不受限。俞敏洪“懂人心、说人话、做潮人”，为团队的直播业务找到了一个提升销量的新方法：让英语辅导回归。培训老师口才好，是直播的一个优势；然而作为新东方的培训师，英语才是最大的优势，一边带货一边教英语，太好不过了。从“普通直播”到“双语带货”，这是一次富有创新意义的有效升级。

我们知道，“转型”不容易，“升级”更困难。新东方如果维持原状不进行转型，那是围棋里的“俗手”，而“转型”则是“本手”，“升级”就是“妙手”了。“转型”是脑洞“打开”，“升级”则是脑洞“大开”。有道是“重要的东西全部都在半径 3 米之内”，这话其实应该说成“重要的东西全部都在半径 3 厘米之内”，也就是在大脑之内。

新东方转型，首先是俞敏洪自己转型。“在绝望中寻找希望，人生终将辉煌”，俞敏洪的这句口号，这下可以改为“在绝望中寻找希望，创新终将带来辉煌”了。

（资料来源：《杭州日报》数字报纸，https://hzdaily.hangzhon.com.cn/hzrb/2023/03/17/page-detail-1-20230317A01.html）

思考：从俞敏洪的经历中，你学到了什么？

启示

职业生涯规划不是一劳永逸、一成不变的，它是一个动态变化的过程，需要根据各种变化作出调整。比如新东方身处新的行业环境中，积极拥抱变化，成功转型。可见不管在哪个时代，遇到何种危机，能取得成功的，永远是那些能不断提升自己、不断适应社会进步的人。

项目目标

1. 了解职业生涯发展中的危机以及对策。
2. 了解职业生涯规划评估与调整的目的。
3. 掌握职业生涯规划评估与调整的步骤。
4. 了解职业生涯规划调整的原则与方法。

任务一

职业生涯发展的危机与对策

事物总是发展变化的。职业生涯规划是对未来的计划，所以具有不确定性。要使职业生涯规划行之有效，就必须在实践中对规划不断地进行评估和调整。

在人生的不同发展阶段，由于社会环境的巨大变化和一些不确定因素的存在，我们原来制订的职业生涯目标与规划也会相应改变，这时需要对职业生涯目标与规划进行评估并作出适当的调整，以更符合自身发展和社会发展的需要。职业生涯规划的评估与反馈过程是个人不断认识自己的过程，也是不断认识社会的过程，是使职业生涯规划更加有效的有力手段。

俗话说“计划赶不上变化”，影响生涯规划的因素很多。有的变化因素是可以预测的，有的变化因素难以预测。在此状况下，要使生涯规划行之有效，就须不断地对生涯规划进行评估与修订。修订的内容包括：职业的选择、生涯路线的选择、人生目标的修正、实施措施与计划的变更等。

一、职业生涯失败的主要原因

职业生涯发展对于个人而言，也是人生的自我发展问题。在人生的自我发展中，往往不是别人打倒自己，而是自己打倒自己。也就是说，由于自身的原因，使自己的事业受阻，甚至失败。所以，研究职业生涯失败的原因极为重要。职业生涯失败的主要原因大致有以下十一种。

（一）无正确目标

没有目标或目标不明确都是人生发展的危机。目标是人生发展与奋斗的方向，是人生追求的成果，没有明确的目标，就没有事业的成功。

（二）选错职业

如果做自己喜欢并且有能力做好的事，就会热情高涨，如同上紧发条的钟表一样，自动运转，不用他人催促。反之，则很难维持下去。

（三）自信心不足

自信心不足是人生最大的危机。自信是人生发展的动力源泉，信心多一分，成功多十分。消极、悲观、缺乏自信的心理，会使人们把自己塑造成一个失败者。其主要表现有以下八种。

第一种：没有雄心壮志。

第二种：害怕冒险与失败，不求有功，但求无过。

第三种：随众附和、随大流。

第四种：遇事强调外因。

第五种：惧怕他人的议论。

第六种：自惭形秽。

第七种：怕“显眼”、怕“惹人注目”。

第八种：喜欢恐吓自己。

（四）自满自足，故步自封

拥有这种心理状态的人安于现状，不求上进。这是由职业生涯规划的目标过低、过近造成的。

（五）行动不够

由于行动不够，往往会错失良机而导致失败。

（六）应变能力差

环境在不断变化，一旦我们不能根据环境的变化而调整自己的规划，就会导致职业生涯发展的失败。

（七）不能正确对待他人的评价

自我评价难免带有片面性，也就是说，当局者迷，旁观者清。只有善于倾听别人的意见，才能对自己有一个客观、全面的认识。否则就会导致生涯发展的失败。

（八）目中无人，不善于合作

不善于同他人合作、目中无人的人，由于过于注重自我，往往会造成人际关系紧张。一个人的能力和才智总是有限的，尤其在当今社会，个人的成功仅靠自己的努力是不行的，离不开他人的合作与协助。

（九）人际关系不佳

人是社会的人，不论是学习、工作还是生活，都离不开这个社会，人际关系不佳必然是导致生涯发展失败的重要原因。

（十）心胸狭窄，强求公平

如果一个人心胸狭窄，就容不下任何对自己不利的事情，看不到优势，只注意外界的“不公平”。由此产生一种消极情绪——抱怨、发牢骚、报复、萎靡不振，从而失去对自己的主宰力，导致失败。

（十一）身体不佳

身体是能力的载体，载体出现问题，事业、生涯发展也就无从谈起。所以，保证拥有一个强健的体魄是非常重要的。

二、组织环境的危机与对策

组织环境是指一个人的工作环境，也包括一个人学习、成长的环境。组织环境对一个人的生涯发展至关重要。成功者之所以能够成功，是因为他善于利用其所在的组织环境，能够发现危机、化解危机，并能将危机转化为良机。组织环境可能存在的危机有四种。

（一）组织风气不正

风气的好坏对个人的发展有一定的影响，但是，我们应该明白，在这一危机中起决定作用的不是环境，而恰恰是我们自己。一个人要想成功，实现自己的人生目标，必须排除环境的干扰，严格按照自己的人生规划前进。

（二）组织机构不合理

一个组织的组织机构不合理，也会影响一个人的发展。必要的时候，我们可以突破这种约束。

（三）升迁渠道受阻

升迁渠道的畅通与否，对一个人的发展至关重要。产生这个危机的原因主要有三个方面。

1. 与组织的发展态势有关

一般而言，组织有三种态势：一是发展期，二是稳定期，三是衰退期。衰退期的组织往往能提供的升迁机会较少。

2. 与员工的年龄结构有关

在一个组织内同龄的人、同学历的人、能力接近的人较多的情况下，就会产生升迁危机。在这种情况下，我们要保持心理平衡，保持自信心。

3. 与升迁政策有关

不同的组织有不同的升迁政策，有的重用老员工，有的重用新员工。

（四）糟糕的领导

在一个糟糕的领导手下工作，也是人生的一大不幸。糟糕领导的主要表现有以下五个方面：①任用而不信任；②任用而不放权；③任用而不培养；④任用而不提拔；⑤贬低下属，抬高自己。

组织环境中的危机都是人生发展的不利条件，但是，机遇可以创造，危机可以避免。我们可以通过下面一些渠道来化解和避免危机：①开拓新业务，创造升迁机会；②苦练内功，谋求发展；③改变升迁路线，开辟新的发展路径；④调整工作单位。

三、社会环境的危机与对策

（一）社会环境变迁的危机

随着科学技术的快速发展，社会的变迁也日趋加快，这给个人的发展提供了机会，但也增加了危机。在这种情况下，我们对个人的职业生涯发展要求，一方面需要随着社会的变化而变化，另一方面须准确预测变化的趋势，并在事前有所准备。这样才能把握住职业生涯发展的机会，才能自如地应对危机与挫折，突破逆境，化危机为转机，实现生涯目标。

社会环境的变迁对生涯发展的影响因素主要包括以下三个方面。

1. 工业自动化的冲击

从长远看，自动化程度的提高有利于就业市场的扩大，但在短期内，自动化设备的投入有可能使提供的工作岗位减少，即新增岗位数少于自动化取代的或因其而消失的岗位数。这无疑对人们就业产生影响，使就业竞争加剧，带来危机。

2. 科学技术发展的冲击

技术的迅猛发展，知识的日新月异，向人生的发展不断提出挑战，如果我们不能及时学习新知识、新技能，就无法适应社会的发展，反映在工作上就是能力不足，难以胜任工作，甚至面临事业的危机，导致自己的事业失败。

3. 经济结构调整的冲击

从早期的农业时代转变为现代的信息时代，从劳动密集时代演变为资本密集与技术密集时代，各种经济结构的转型都会对就业市场、人生的发展产生大的影响。

（二）适应社会环境变迁的对策

1. 认识与面对现实环境，保持积极的心态

如果我们想顺利地适应社会的变化，就需要与现实环境保持良好的接触，以客观的态度面对社会，冷静地判断事实，理性地处理问题，并保持积极的心态，随时根据环境的变化作出适当的调整，从而保持良好的适应状态。这样才能跟得上时代的变迁。

2. 了解变化趋势

趋势是可以预测的，我们处于多变的时代，应该以开放的心态预测未来，以便及早采取行动，做好迎接变化的准备。

3. 不断学习与进修

学习与进修是科技发展的需要，也是社会发展的需要。当今社会，只有不断学习才有生存和发展的可能性。

4. 积极投入

凡事都应积极投入，特别是对本职工作的投入。因为只有投入才能在实际工作中增长见识与见闻，才能体验与认识到社会发展的趋势与危机，以便提前采取相应对策，使个人的生涯目标得以顺利实现。

5. 不任意跳槽换工作

对于经常变换工作的人，一般的单位是不太欢迎的，因为经常变换工作的人，到哪里都待不久。现代管理更加注重员工对企业文化的认同，这是人才需求的一个新趋势。

6. 善用社会资源

面对社会的快速变迁，我们在适应的过程中要善于利用我们的人际关系、社会关系，寻求社会有关部门的帮助与支持，只有这样才能应对生涯发展中出现的各种危机。

四、社会生活的压力与对策

（一）社会生活带来的压力

随着社会的发展、科技的进步，各行各业的竞争日趋激烈，工作节奏加快，学习任务加重，生活更加繁忙，这无疑给人带来压力。而且这种压力随着社会的发展在不断加大，如影随形，挥之不去。例如，市场竞争、产业结构调整等带来失业的压力；客观环境的限制带来目标难以实现的压力、理想与现实差距的压力等。这些压力大致可以分为三类。

1. 身体压力

身体的疲劳、不适和各种疾病。

2. 生存环境的压力

人际关系不睦，工作环境逼仄、有噪声，交通、生活条件不便等。

3. 精神压力

业绩不佳、失业、下岗、知识缺乏、得不到别人的认同、得不到领导的赞赏、空虚、寂寞、无聊等。

（二）化解社会生活压力的对策

1. 压力的自我检测

美国著名的心理学家戴尔·卡耐基（Dale Carnegie）列出了30个目标，检测我们是否处于沉重的压力之中。

（1）常会不知不觉感到烦躁。

（2）很难入睡，即便睡着了，又很容易被惊醒。

（3）喜欢看刺激性的电视节目。

（4）肠胃不好。

（5）常常有要“消失”的念头。

（6）常做噩梦、说梦话。

（7）吸烟过量。

（8）早晨起来头脑混沌，四肢无力。

（9）没有食欲。

（10）常因惊悸或喘而憋气。

（11）饭前饭后胃有不适之感。

（12）易发牢骚。

（13）回到家也无法放松。

（14）心情不愉快。

（15）脑中似乎总有事情，无法摆脱。

（16）易发脾气。

（17）出门上班时心情愈加沉重。

（18）觉得厌烦。

（19）容易疲劳。

（20）不管别人说什么都容易生气。

（21）常不经意地抖腿。

（22）常喝酒过量，烂醉如泥。

（23）过于担心自己的身体。

（24）嫉妒同事的表现。

（25）觉得周围很吵，很烦人。

（26）变得健忘。

（27）觉得十分无聊。

（28）读书却不知到底其中讲些什么。

（29）玩游戏、打扑克，甚至赌博。

（30）害怕面对别人。

当我们符合其中 10 项以下时，说明我们并没有因为压力而过分疲惫，属于正常情况；如果我们符合其中 11～20 项，就应进行压力调适；如果我们符合其中 21～30 项，就应该去看医生了。

2. 压力调适的步骤

根据佩克博士（E.Packer）的建议，调适压力可遵循以下六个步骤。

（1）描述自己感受到的压力的特征，了解压力来源。

（2）了解压力问题的严重性，分析其轻重缓急。

（3）了解压力的本质，作出适当的反应。

（4）参考别人应对压力的经验，达到“他山之石，可以攻玉”的效果。

（5）写出产生压力的原因。

（6）与他人交换意见，寻找调适压力的方法。

3. 压力调适的配合原则

在上述调适步骤中，如采用适当的原则则可增强其调适效果。通常适用的配合原则有以下六点。

（1）观察能力的自我训练。为能真正了解压力的来源，平时应注意观察能力的训练，以满足临时应变的需要。

（2）培养自我肯定的意识。应对压力的首要对策是培养自己面对压力的勇气及解决问题的决心，因此，自我肯定意识尤为重要。

（3）学习肌肉放松技巧。面临压力时，若能使肌肉放松，必能减轻心理的紧张和焦虑。

（4）了解沟通协调技巧。压力的舒缓调适在于协调沟通，因此，可以利用沟通协调缓解压力。

（5）预测压力反应的可能后果。情绪性反应或极端式的处理或许可以解除暂时的压力，但必须预测其未来的后遗症及后续压力。

（6）淡泊名利。对名利的渴求越强，压力可能就越大，如能淡泊名利，则压力自然会降低。

4. 压力调适的方法

压力调适的主要方法有以下十三种。

（1）找出最适合自己的压力调适方法。

（2）面对压力时，不妨阅读相关书籍，以开阔心胸，疏解压力。

（3）请教有关专家，通过自我陈述疏解心中的焦虑、烦闷，以增强自信心。

（4）重新修订自己的需求、动机和价值观，适应外在世界的需求；改变观念，尽量学习从不同的角度看问题。

（5）每天坚持身心放松运动。平时工作累了，站起来走动走动，闭目养神、伸腰、慢跑等，以减轻身心的疲劳。运动可以说是最简单、最有效的压力疏解方法。

（6）肯定自己的工作。这样不但有利于我们在工作中获得进步与成长，同时也能使别人重视我们的工作。不要用负面的词语来否定我们的工作，因为那样也会使别人否定我们的工作、否定我们。

（7）为自己制定一个预期能达到的目标。有了明确的目标，便有了努力的方向。这个目标可以分阶段来实现，在逐步实现理想的过程中，可以获得成就感，面对压力时也会有信心去克服。

（8）寻求他人的帮助。例如，让父母、配偶、师长、同事、主管等提供对策，或提供善意的建议，以减轻独自承受的压力。

（9）利用适度、适时的休息，舒缓压力与疲劳，使自己更有活力，以应对工作和生活中的各种挑战。

（10）降低对他人的期望与要求。过高的期望是造成关系紧张和压力的原因之一，适度地降低对他人的期望与要求可减轻压力。

（11）给自己一个缓冲的空间。当压力导致情绪不佳时，可采取痛哭、大叫、聆听音乐等方式，只要不妨碍他人，可以尽情发泄，以舒缓压力。

（12）定期对自己的心理、生理状况进行检查，维持身心健康，以利于压力调适。

（13）培养积极、乐观、主动、负责的人生观，可疏解工作上的压力。

任务二

职业生涯规划的评估与调整

一、职业生涯规划的评估与调整的目的

在职业生涯规划过程中，最后一个步骤是信息反馈。现实社会中不确定因素的存在会使个人原来制订的职业生涯目标发生变化，这就要求我们不断地反省，并对规划的目标和行动方案作出调整，从而保证最终实现人生理想。从这个意义上说，反馈调整就是一个再认识、再发现的过程。我们应时时注意内外环境的变化，不断地审视自我、调整自我，不断地修正策略和目标，以确保个人生涯规划的有效性。

获得反馈信息后，常常要根据评估的结果进行目标和策略方案的修订。修订的内容包括：职业的选择、职业生涯路线的选择、阶段目标的修正、实施措施与行动计划的变更等。在这期间要做到谨慎判断，果断行动。谨慎判断就是无论变化多大，都要在厘清来龙去脉后再作判断；果断行动就是要在判断后立即采取行动，重新修订自己的职业生涯规划，从而保证职业生涯的顺利发展，最终实现人生的职业理想。

通过反馈评估和修正，可以达到以下目的。

（1）对自己的强项充满自信（我知道我的强项是什么）。

（2）对自己的发展机会有一个清楚的了解（知道自己什么地方还有待改进）。

（3）找出关键的有待改进之处。

（4）为这些有待改进之处制订详细的行动改变计划。

（5）以合适的方式答复那些给予反馈的人，并表示感谢。

（6）实施行动计划，确保自己能取得显著的进步和成就。

二、职业生涯规划的评估与调整的示例

根据自身的实际情况，对自己的职业生涯进行详细具体的规划，是具有可行性的。但是由于社会环境、就业环境和个人成长曲线等的变化以及各种不可预测的因素影响，一个人的职业生涯发展往往不是一帆风顺的。所以，要在实践中定期为自己的规划作评估，及时作出相应的调整。

比如：我们想考研，可能不能如愿以偿地考取研究生，那么我们应该怎么做？我们可以进一步学习国家公务员相关知识，力争考取国家公务员，到政府工作，做一名合格的政府公务人员；也可以立即着手找其他工作。在拥有大学期间学习的专业知识和实习中所积累的工作经验的基础上，寻找一家具有良好企业文化、一定发展前景、积极工作氛围的公司，在工作中不断积累工作经验、提升专业技能，并最终实现自己的目标。再如：我们可能不能顺利地签约自己梦寐以求的单位，那么我们就得另辟蹊径，寻找其他单位。根据实际情况认真工作，并结合自己的工作经历与经验，全面提高专业技能，为最终实现职业目标打好基础。

制订职业规划备选方案也就是根据对内外部环境变化以及职业生涯规划方案实施情况的预测，制订另外的职业生涯发展路线，以应对未来可能出现的各种变化。职业生涯规划备选方案示例如图 7-1 所示。

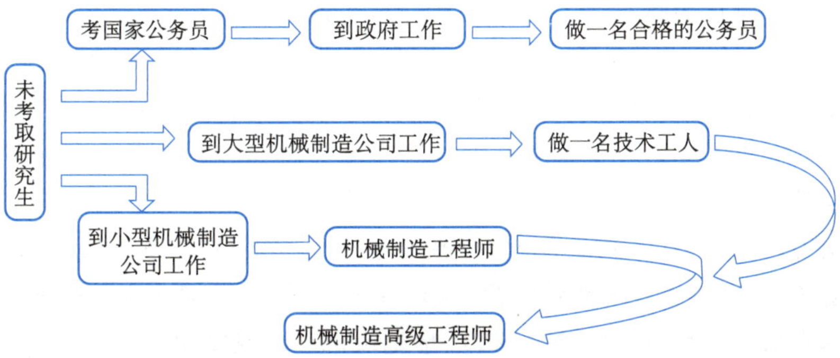

图 7-1　职业生涯规划备选方案示例

三、职业生涯规划调整的原则和方法

在对职业生涯规划进行调整时，应遵循三个基本原则。

（一）适用性原则。使职业生涯规划与自己的实际情况、客观环境相符合，增强职业规划的可操作性。

（二）实用性原则。对职业生涯规划进行调整时，要尽可能制订出较为详细的具体行动方案，使职业生涯规划明确而具体，能够顺利实现。

（三）及时性原则。要根据环境及自身条件的不断变化，及时调整职业规划和实施计划，保证职业生涯规划的时效性。在进行评估调整时，短期调整可以每月审视计划完成情况；中期调整是每 3 个月审视计划完成情况；中长期调整是每 6 个月审视计划完成情况；长期调整是每 12 个月审视计划完成情况。

对职业生涯规划实施的调整可运用滚动计划法进行，即将短期的计划制订得较为详细具体，长期的计划制订得较为粗略笼统，随着时间的推移，逐年将职业生涯规划向前滚动推进。首先侧重制订和实施可预见、易掌握的短期计划；当短期计划实现以后，将中期计划调整为短期计划，制订详细具体的行动计划，中长期计划转变为中期计划，并相应地制订出长期计划；然后，遵循规划评估的时间及时审视计划的完成情况，查找不足、及时调整，并学习新的能力，以修正、优化自己的职业生涯规划方案，最终实现职业目标。

拓展阅读

一个寻常大学生的职业生涯规划之路

作者：四金

本人是2015年的毕业生，也是一个原本对“职业生涯规划”不重视的人，下面就根据自己的实际情况谈一谈“职业生涯规划”的事情。

先介绍一下自己的情况。本人在一所非常不起眼的二本师范院校读书，由于高考分数不高，被调到了我们学院最差的一个专业，全专业共3人，每年的就业率为16.7%。最可笑的是，我们的专业在2014年就停招了，你说我们的就业前景如何？我也不是什么“学霸”，平均绩点为2.5，从来没有拿过奖学金。所以从学校背景和学习成绩来讲，我可能远远不如很多人。

看了我的介绍后，你应该就能看出，我的手上是一副烂牌，这个时候再去后悔高中没有好好读书，抱怨大学不好都没有用，我现在要做的，就是职业生涯规划。

在说职业生涯规划有多重要之前，我想先说说以前我眼中的“职业生涯规划”。我们大一进入学校后，都会被辅导员“抓”去听就业指导课，会有几个有丰富求职经验的老师（是几个毕业后到学校当辅导员的学长）跟你说什么叫职业生涯规划，职业生涯规划有多重要。别人能不能听进去我不知道，我是一点儿都听不进去。总之，可以说在大三之前我根本就不知道什么是职业生涯规划。

大学里有一类人，他们学习虽然不怎么样，但过得很精彩。爱阅读的人找到了图书馆，爱打球的人找到了篮球场，爱唱歌的人找到了合唱队……最可悲的是我这种人，连爱好都没有，连自己喜欢做什么都不知道。也就在那个时候，我接触到了很多励志类、成功学、心灵鸡汤似的文章，虽然这类文章因为太空洞受到很多知友（知乎网友）排斥，但那时就是这些浅显易懂的“正能量”，给了迷茫的我一些指点。之后，像李开复老师的微软演讲21条、马云老师的励志故事、《肖申克的救赎》、俞敏洪的演讲……我翻来覆去地看了不知道多少遍！慢慢地，我暗示自己：这辈子一定要有点出息，只要努力就能成功！

我开始思考：我要如何规划我未来的职业？于是我开始进行兴趣培养。

一、寻找兴趣切入点

2011年进入大学的那段时间，我所能接触的有几样东西：iPhone4、微信、淘宝、小米、人人、飞信……不知道为什么，小时候听到小霸王、Game Boy游戏机我就很激动，觉得它们很牛。小时候小霸王改变了我的童年,长大了iPhone4改变了世界,它们为什么这么牛?于是我打算花点精力去研究一下。

二、深入培养兴趣

深入了解一样东西是一个非常痛苦的过程,因为要从“0”开始起步,有很多东西都不懂。例如,什么是平面转换(IPS)视网膜屏幕?什么叫分辨率?什么是社交网络服务(SNS)?什么是位置服务(LBS)?什么是电子商务?谁是张小龙(我只听过李小龙)?这个时候我就一个一个去百度搜索。当然,我们在培养兴趣的时候一般也会发现:我好像没有想象中那样喜欢这个东西,怎么办?所以我觉得还是要像第一步说的:找好兴趣切入点。幸运的是,在逛过一些论坛、看过一些与互联网相关的书籍之后,我慢慢喜欢上了这个行业。

三、将兴趣点和职业结合

如何将兴趣点和职业相结合?这个问题很难回答,依传统来说,即喜欢教书育人就去当老师,喜欢救死扶伤就去当医生,喜欢研究学术就继续深造。但现在的“90后”很多不太想从事这些传统的行业。喜欢唱歌但是成不了歌手,没问题,可以到某互联网公司去担任音乐编辑,把喜欢的音乐推荐给听众;喜欢体育、喜欢整天看足球和美国职业篮球联赛(NBA)但成不了球员,没问题,可以去虎扑、新浪体育、腾讯体育从事体育类工作,与运动员“实时”互动;喜欢购物化妆,可以到美丽说、蘑菇街、聚美优品去当买家推荐员……

四、为职业做针对性的准备

先看一下哪些公司在招相应的职位,这些职位的要求是什么,然后就像“打怪升级”一样,一级一级进步,提高相关能力。

五、理论+实践

我们学校知名度、排名不高,不是什么“985”或“211”。大多数公司招聘员工时,关注的是应聘者有多少项目经验、绩点是否靠前、拿奖是否丰富、是否名校出身。我们学校平时连宣讲会都没有,拿什么去跟名校的学生比?我的建议是积累理论知识,丰富实践经历。

理论知识:看书。这个是唯一出路,别指望十天搞定留学研究生入学考试(GRE)、三天学会编程,老老实实看书,当然要有选择地看一些好书。

实践经历:找实习。不要计较过多得失,抱着学习的心态去找实习。想做互联网去不了百度、阿里巴巴、腾讯(BAT),想卖车去不了奔驰、宝马、奥迪(BBA),那就去小一点的公司。也别抱怨找不到,那些创业公司肯定是缺人的。慢慢地从底层做起,你会碰到一些自己想做想学的东西。

六、总结提炼

将自己的知识储备和实践经验加一加,提炼总结,整合出一副适合这个行业、这个职位、这家公司的“牌”。然后在校招的时候“打”出去。是“三个王带一对2”,还是“留着一个‘3缺’没有出牌”,那就看你大学四年的准备如何。

职业生涯规划是什么？说得接地气些：我想做什么＋我能做什么＋我要怎么做＝职业生涯规划。

（资料来源：知乎，https://www.zhihu.com/question/20407262/answer/39345590）

项目训练

职场万花筒

请在下面的空白处，写下自己所担心的、工作后可能遇到的问题。写完后与周围的同学交换，并给自己所拿到的问题写下建议、应对之道。请同学们说说自己手里拿到的问题和建议，教师进行总结。

可能遇到的问题：

克服困难的方法：

项目回顾

1. 为什么要对职业生涯规划进行评估和调整？
2. 职业生涯规划与调整的步骤有哪些？

参 考 文 献

[1] 周清,何独明 . 大学生职业生涯规划与就业指导[M]. 北京:北京理工大学出版社,2019.

[2] 闫庆斌,李军 . 大学生职业规划与就业创业指导[M]. 北京:中央民族大学出版社,2015.

[3] 王裕清 . 大学生职业生涯规划与就业创业指导[M]. 北京:北京邮电大学出版社,2014.

[4] 彭涛 . 高职生职业生涯规划与就业指导[M]. 北京:中央民族大学出版社,2016.

[5] 杨克欣 . 大学生职业发展与就业创业指导[M]. 天津:南开大学出版社,2013.

[6] 杨乐克 . 大学生生涯规划与自我管理[M]. 北京:北京理工大学出版社,2020.

[7] 李花,陈斌 . 大学生就业指导与创业教程[M]. 天津:南开大学出版社,2014.

[8] 曹广辉 . 职业生涯规划与择业(第 3 版)[M]. 北京:高等教育出版社,2011.

[9] 丰艳,姜媛媛,李海涛 . 大学生就业指导[M]. 北京:电子工业出版社,2012.

[10] 吕平 . 大学生职业生涯规划与就业创业指导[M]. 天津:南开大学出版社,2018.

[11] 舒红群,舒星 . 大学生职业生涯规划与就业指导[M]. 北京:北京理工大学出版社,2015.

[12] 程龙泉 . 职业能力培养与就业指导[M]. 北京:北京理工大学出版社,2017.

[13] 张莎 . 巧用求职决策平衡单[J]. 成才与就业,2012(23):80-81.